INMACULADA CONCEPCIÓN FURTIVA
EL SEXO EN LA ERA DE LA REPRODUCCIÓN MECÁNICA

Traducción:

Marcela Pimentel

CARL DJERASSI

Inmaculada concepción furtiva

El sexo en la era de la reproducción mecánica

Fondo de Cultura Económica

MÉXICO

Primera edición en inglés, 2000
Primera edición en español, 2002

Título original:
An Immaculate Misconception. Sex in an Age of Mechanical Reproduction
publicado por
Imperial College Press
© 2000 by Carl Djerassi
ISBN 0-86094-248-2 (pbk)

D.R. ©, 2002, Fondo de Cultura Económica
Carretera Picacho-Ajusco 227, 14200 México, D.F.

ISBN 968-16-6718-2

Impreso en México

A DALE DJERASSI,
con amor y agradecimiento

INTRODUCCIÓN

Tender un puente entre las dos culturas

EL ABISMO ENTRE LAS CIENCIAS y los otros mundos culturales de las humanidades y las ciencias sociales se ensancha cada día más y más; y sin embargo los mismos científicos hacen muy poco por tratar de comunicarse con esas otras culturas. Ello se debe, en gran medida, a la obsesión del científico por lograr la aprobación de sus colegas y al reconocimiento de que su tribu ofrece pocos incentivos para comunicarse con un público más amplio que no contribuirá en nada a su reputación profesional. Ya tarde en mi vida, decidí hacer algo para dar a conocer la cultura científica a una audiencia más amplia, y hacerlo mediante una tetralogía de novelas en el género que llamo "ciencia en ficción", que no debe confundirse con el de ciencia ficción. Para mí, una novela sólo puede ser tratada como "ciencia en ficción" si toda la ciencia (es decir, *qué* es lo que hacemos) y la mayor parte de la conducta idiosincrásica de los científicos (es decir, *cómo* lo hacemos) ahí descritas son verosímiles. Ninguna de estas restricciones se aplica a la ciencia ficción. Pero si uno realmente desea hacer uso de la ficción para deslizar hechos científicos en la conciencia de un público científicamente lego (y creo en verdad que tal deslizamiento es beneficioso en términos intelectuales y sociales), entonces es crucial que los hechos que subyacen en el quehacer científico se describan con precisión. De no ser así, ¿cómo podrá el lector que carece de formación científica distinguir entre lo que se le presenta como ciencia para el entretenimiento y lo que es información? Pero de todas las formas literarias, ¿por qué utilizar la ficción... o el drama? La mayoría de las personas sin educación científica se acobardan ante la ciencia. Levantan una barrera en el momento en que saben que algunos hechos científicos están por caerles encima. Es a esta porción del público —el no científico o incluso el anticientífico— a la que quiero llegar. En lugar de empezar con el agresivo preámbulo "permítanme hablarles sobre mi ciencia", prefiero dar comienzo con el más inocente "permítanme contarles una historia", y luego incorporar a la trama ciencia realista y a científicos parecidos a los de la vida real.

Los científicos se mueven dentro de una cultura tribal cuyas reglas, costumbres e idiosincrasias no suelen comunicarse en conferencias o libros específicos, sino que son adquiridos mediante una especie de ósmosis intelectual en una relación maestro-discípulo. Los científicos principiantes adquieren su "desenvoltura profesional" —en algunos sentidos el alma y el equipaje del comportamiento del científico contemporáneo— al observar las preocupaciones egoístas del maestro en cuanto a prácticas y prioridades de sus publicaciones, el orden de los autores, la elección de la revista especializada, la pugna por la fama académica, hasta el punto de codiciar el Nobel. Cada uno de estos temas lleva una carga de significación ética.

Para mí es importante que el público no vea a los científicos tan sólo como *nerds*, Frankensteins o Doctores Insólitos. Y como la "ciencia en ficción" o la "ciencia en teatro" no sólo tratan con la ciencia real sino, lo que es más importante, con científicos reales, me parece que un miembro del clan puede describir mejor la cultura tribal y el comportamiento idiosincrásico del científico.

En nuestro discurso formal escrito, los científicos nunca utilizamos el diálogo… de hecho, no se nos permite. Aun pedagógicamente, éste es con frecuencia mucho más accesible y, seamos francos, también más divertido. La forma dialogística más pura de la literatura es, por supuesto, el drama. Y si la "ciencia en ficción" es un género raro, el de la "ciencia en teatro" es prácticamente desconocido.

Mi interés en contribuir a ese género se desató por el éxito de *Blinded by the Sun,* de Steven Poliakoff, presentada en el National Theatre, de Londres (1996), obra que recibió mucha publicidad incluso en la prensa científica. Al ilustrar, en muchos sentidos muy eficazmente, algunos de los aspectos idiosincrásicos de la compulsión del científico por ser reconocido, así como las características competitivas de una empresa universitaria, Poliakoff intentó presentar en forma de drama el debate acerca de la "fusión en frío" de hace algunos años. Otros dramaturgos cultos han utilizado la ciencia para propósitos teatrales en los que la ciencia es secundaria al drama. Hugh Whitemore *(Breaking the Code),* Tom

Stoppard *(Arcadia)*, Friedrich Dürrenmatt *(Los físicos)* y Bertolt Brecht *(Galileo Galilei)* son algunos de los primeros ejemplos sobresalientes.

En mi trilogía proyectada, me interesa el enfoque contrario: utilizar el teatro para la comprensión científica, *en donde la ciencia es central y no periférica e impecablemente correcta*. Como modelo, consideremos la obra *Copenhagen*, de Michael Frayn (1998), una pieza del género "ciencia en teatro" por excelencia. Frayn no hace ninguna concesión a la incultura científica. Se refiere a la mecánica cuántica y al principio de incertidumbre en buena parte de la chispeante interacción entre dos premios Nobel: Werner Heisenberg y Niels Bohr.

En vez de seleccionar temas de la química o la física contemporáneas con su terminología abstracta inherentemente complicada, me he volcado a la biología. Más específicamente, elegí la avanzada investigación reciente en biología reproductiva por cuatro razones: todos podemos identificarnos de una u otra manera con la reproducción y el sexo; abarca un área de mi competencia profesional; la terminología es relativamente sencilla, y lo más importante, dicha investigación está impregnada de enormes implicaciones éticas. Para sondear estas aguas, elegí la técnica ICSI *[intracytoplasmic sperm injection:* inyección intracitoplásmica de espermatozoide] como objeto científico de *Inmaculada concepción furtiva* ya que, a mi manera de ver, la ICSI —más que ningún otro método de fertilización *in vitro*— está dando paso a la inminente separación entre el sexo ("en la cama") y la fertilización ("bajo la lente del microscopio").

Creo no equivocarme al dar por hecho que a la mayoría de los lectores potenciales de este libro, o de públicos que se propongan asistir a una puesta en escena de mi obra, el término ICSI les será desconocido. Sin embargo, confío en que, una vez que hayan visto la inyección de un solo espermatozoide en un óvulo en las escenas 5 y 6 de *Inmaculada concepción furtiva*, entenderán la tecnología ICSI y nunca la olvidarán, como tampoco sus ramificaciones éticas. Si es así, la "ciencia en teatro" habrá tendido un puente, aunque sea por corto tiempo, sobre el ancho abismo.

NOTA PARA EL PROGRAMA

El sexo en la era de la reproducción mecánica

> La técnica de la reproducción separa el objeto reproducido del dominio de la tradición.
> WALTER BENJAMIN, *La obra de arte en la era de la reproducción mecánica*, 1936.

EN UN COITO NORMAL, la fecundación del óvulo de una mujer por un hombre fértil requiere decenas de millones de espermatozoides, y hasta 100 millones en una eyaculación. Lograr una fertilización con un solo espermatozoide es totalmente imposible, considerando que un hombre que eyacula de uno a tres millones de espermatozoides es funcionalmente infértil. Sin embargo en 1992, Gianpiero Palermo, Hubert Joris, Paul Devroey y André C. Van Steirteghem, de la Universidad de Bruselas, publicaron su sensacional artículo en *Lancet,* 340, 17 (1992), en el cual daban a conocer la fertilización de un óvulo humano con un *solo* espermatozoide mediante la inyección directa bajo el microscopio, seguida de la reinserción del óvulo fertilizado en el útero de la mujer. La inyección intracitoplásmica de espermatozoide (ICSI —acrónimo de *intracytoplasmic sperm injection*—) se ha convertido en la herramienta más poderosa para el tratamiento de la infertilidad masculina: desde 1992 han nacido cerca de 100 000 bebés mediante la ICSI.

Éste es el trasfondo histórico de la ICSI. Pero, como *Inmaculada concepción furtiva* es una obra de teatro, todos los personajes y acontecimientos, aunque no la ciencia real,* son ficticios, en especial la doctora Melanie Laidlaw, la inventora putativa de la ICSI. Los problemas éticos de la ICSI, sin embargo, subsisten aun después de que haya caído el telón.

---

* La filmación del procedimiento ICSI que se muestra en la escena 5 es de una fertilización auténtica realizada por el doctor Roger A. Pedersen, de la Universidad de California, San Francisco, y la de la escena 6 fue realizada por el doctor Barry R. Behr, de la Universidad de Stanford.

HISTORIA DE LAS PUESTAS EN ESCENA

1997

Noviembre 11: Tricycle Theatre, Londres (Inglaterra). Lectura en escena, dirigida por Erica Whyman (con Michelle Fairley, Raad Rawi, Michael Cochrane y Alexandra Lilley).

1998

Agosto 6-31: Festival Fringe de Edimburgo, C-too Theatre (Escocia). Versión en un acto dirigida por William Archer (con Saul Reichlin, Jude Allen y Michael Matus).

1999

Marzo 16-Abril 18: New End Theatre, Londres (Inglaterra). Versión en dos actos producida por David Babani (con Stephen Greif, Michael Matus, Susannah Fellows y Toni Palmer).

Abril 1-Mayo 2: Eureka Theatre, San Francisco, California (Estados Unidos). Dirigida por Edward Hastings (con Peter Vilkin, Denise Balthrop Cassidy, Paul Sulzman, Maxine Wyman y Zach Kenney).

Mayo 29, Junio 2-5: Jugendstiltheater am Steinhof, Viena (Austria). Estreno en alemán (*Unbefleckt*), dirigida por Isabella Gregor (con Susanna Kraus, Alexander Strobele, Georg Schuchter y Simon Schober).

Agosto 15-Septiembre 4: Unadilla Summer Theatre, Marshfield, Vermont (Estados Unidos). Dirigida por Bill Blachly (con Russel Brown, Ellen Blachly, Pavel Wonsowicz y Daniel Drew).

2000

Febrero 29: Theater am Tanzbrunnen, Colonia (Alemania). Representación invitada de la producción vienesa (dirigida por Isabella Gregor) en el Bio-Gen-Tec Forum NRW-2000.

Mayo 6–7: Servicio Internacional de la BBC de Londres (Inglaterra). Transmisión radiofónica dirigida por Andy Jordan (con Henry Goodman, Michael Cochrane, Penny Downie y Josh Brody).

Junio 7–9: Deutsches Museum, Munich (Alemania). Representación invitada de la producción vienesa de *Unbefleckt,* dirigida por Isabella Gregor (con Susanna Kraus, Alexander Strobele, Heinz Wustinger y Simon Schrober).

Septiembre 8: Teater Västernorrland, Sundsvall (Suecia). Estreno en sueco de *Obefläckad,* dirigida por Tomas Melander (con Gisela Nilsson, Sören Eriksson, Per Arvdisson y Daniel Magnusson).

Septiembre 10: Royal Dramatic Theatre, Estocolmo (Suecia). Representación invitada de la producción de Sundsvall de *Obefläckad,* dirigida por Tomas Melander.

2001

Mayo 16: Westdeutscher Rundfunk, Colonia (Alemania). Transmisión radiofónica (en WDR-3) de *Unbefleckt*, dirigida por Claudia Johanna Leist (con Martina Gedeck, Vadim Glowna, Heinrich Giskes y Robin Bamberg).

Septiembre 26–Octubre 28: Primary Stages Theatre, Nueva York (Estados Unidos). Dirigida por Margaret Booker (con Ann Dowd, David Adkins, Adam Rose y Thomas Schall).

Septiembre 28–Mayo (2002): Satire Theater, Sofía (Bulgaria). Producción búlgara (*Neprochno e Netochno*), dirigida por Nicolai Kalchev (con Stefan Stefanov, Albena Pavlova, Emil Marinov y D. Obretenov).

Diciembre 22: Radio Sueca (Suecia). Transmisión radiofónica de *Obefläckad*, dirigida por Tomas Melander (con Gisela Nillson, Sören Eriksson, Per Arvidsson y Daniel Magnusson).

2002

Abril 12–Mayo 5: Théâtre du Grütli, Ginebra (Suiza). Producción en francés (*Une Immaculée Miss Conception*), dirigida por Geoffrey Dyson (con Caroline Gasser, Michel Kullmann, Nathan Monney y Roberto Salomon).

2002

Noviembre 13–Diciembre 1: Bridewell Theatre, Londres (Inglaterra). Nueva producción dirigida por Andy Jordan.

PERSONAJES

DOCTORA MELANIE LAIDLAW: Bióloga estadounidense, especialista en la reproducción, de unos 37 años, esbelta, atlética y con hermosas piernas (*muy importante para la escena 1*).

MENACHEM DVIR: Ingeniero nuclear israelí, entre los 45 y 50 años de edad, fornido. Habla un inglés excelente, pero con acento israelí.

DOCTOR FELIX FRANKENTHALER: Médico clínico y especialista en infertilidad, estadounidense, entre los 40 y 50 años de edad.

ADAM: Adolescente (de 17 años en el prólogo, y de 13 años en el epílogo).

La acción de la obra tiene lugar entre 2000 y 2001.

PRÓLOGO: 2017.

Escena 1: Mayo de 2000, dormitorio de un hotel en una aldea europea, durante un congreso científico.

Escena 2: Septiembre de 2000, laboratorio de la Dra. Melanie Laidlaw en el Instituto REPCOM de Reproducción Biológica e Investigación sobre la Infertilidad en el norte de California.

Escena 3: Noviembre de 2000, escena onírica en un banco de esperma en el laboratorio.

Escena 4: Enero de 2001, mismo decorado que la escena 1.

Escena 5: Domingo 11 de febrero de 2001, mismo decorado que la escena 2.

Escena 6: Cinco minutos después, mismo decorado que la escena precedente.

Escena 7: Septiembre de 2001, mismo decorado que la escena precedente.

Escena 8: Unos minutos más tarde, mismo decorado que la escena precedente.

Escena 9: Una semana después, mismo decorado que la escena precedente.

Escena 10: Principios de diciembre de 2001, mismo decorado que la escena precedente.

EPÍLOGO: Trece años después (2014).

DETALLES TÉCNICOS

Los dos videos —proporcionados por el autor y que deben aparecer en una pantalla al fondo en las escenas 5 y 6— muestran una fertilización auténtica con el método ICSI, que debe estar coordinada con el diálogo. (En uno de los videos se incluye una muestra sonora del diálogo.)

Los interludios de *e-mail* pueden proyectarse en tiempo real (de preferencia) o como textos íntegros después de las *escenas 1, 2, 3, 4, 6 y 10*.

PRÓLOGO

Año 2017. ADAM, de 17 años, se desliza sobre una patineta, se detiene haciendo volar la tabla y atrapándola en el aire. Empieza a hablar con la patineta entre sus manos.

ADAM.–*(Pensativo, con un toque de tristeza.)* No puedo recordar con exactitud cuándo fue que escuché por primera vez las iniciales "I… C… S… I…". De hecho… las escuché sin querer. Ella estaba hablando por teléfono acerca *"del"* bebé ICSI y sus palabras no tenían un tono muy afectuoso. *(Pausa.)* Al menos no me lo pareció. *"El"* bebé sonaba como un término clínico… como si ella hubiera convertido al bebé en una especie de cosa rara o en un hito de la medicina. Desde ese día, tuve una palabra íntima de cuatro letras. *(Pausa.)* No es "Adam"… ni "Vida"… ni "Amor"… sino *(pausa larga)* "ICSI".

PRIMER ACTO

ESCENA 1

Mayo de 2000, en el extranjero, en un congreso científico.

Dormitorio en un hotel de una aldea. Se aprecia una cama sin tender y una silla sobre la cual hay ropa de mujer. Menachem está echado en una segunda silla; lleva pantalones vaqueros, en la mano sostiene una camisa que con lentitud se pone y abotona mientras sigue la conversación. En el suelo, al lado de esta silla, están sus calcetines y zapatos, que también se va poniendo poco a poco. Melanie, envuelta en una sábana a modo de toga que le llega justo abajo de las rodillas, se sienta en el borde de la cama muy cerca de Menachem. Estira las piernas, primero una, luego la otra. Menachem observa.

MENACHEM.–Bonitas piernas.

MELANIE.–Lo sé.

MENACHEM.–Y tan suaves. *(La acaricia fugazmente desde la rodilla hasta la parte baja de la pantorrilla.)* Humm… ¿Sabías que tienes algo en común con la Reina de Saba?

MELANIE.–*(Aparenta inspeccionar sus piernas.)* La Reina de Saba… *(Adivinando.)* ¿No tuvo hijos? *(Menachem responde que no con la cabeza.)* ¿Era soltera? *(Menachem de nuevo mueve la cabeza.)* De acuerdo… un intento más: ¿tan casta como una reina árabe?

MENACHEM.–Tú eres demasiado sexual para ser casta. *(Se incorpora para acariciar su pierna, pero ella le da un manotazo y se aparta de él.)* Pero también demasiado casta para ser sexy.

23

MELANIE.–Basta de hablar de mí. Cuéntame de la Reina de Saba.

MENACHEM.–Salomón fue informado de que la Reina de Saba era muy hermosa, pero también se enteró de que sus piernas y sus pies eran peludos como las *patas* de un asno...

MELANIE.–¿Qué clase de asno tendría pies en vez de pezuñas?

MENACHEM.–Reza así: "Sus piernas y pies eran tan peludos como las patas de un asno". Sobre esto, al menos, no discuto con el Corán.

MELANIE.–¿El Corán?

MENACHEM.–Sí, el Corán. La versión bíblica es mucho más sosa. El Corán dice que Salomón ordenó la construcción de un estanque frente a su trono y que lo hizo cubrir con cristal. Cuando la Reina de Saba se acercaba al trono de Salomón y vio el agua, levantó su largo vestido para no mojarlo. De acuerdo con el Corán, Salomón vio que "sus piernas y sus pies eran hermosos...

MELANIE.–Pero acabas de decir que las piernas de la reina eran peludas...

MENACHEM.–A eso iba, al pelo de sus hermosas piernas. El Corán dice: "entonces los genios le prepararon una crema depilatoria de cal viva, con la cual ella se libró del vello"... Pareces decepcionada.

MELANIE.–Esperaba algo más sugestivo.

MENACHEM.–¿Por ejemplo?

MELANIE.–¿Qué tal...? "Después de lo cual sucedió que a Salomón le gustó su trasero". *(Ambos ríen.)* Y no olvides que anoche en el sauna viste... no pudiste dejar de ver... que mis piernas y mis pies no son peludos.

MENACHEM.–Y según el Corán, él solía visitarla una vez al mes... y acostarse con ella durante tres días enteros...

MELANIE.–¡Hombre tenía que ser!

MENACHEM.–En lo que pienso es en la *calidad,* no en la cantidad de las visitas.

MELANIE.–*(Con escepticismo.)* ¿El Corán habla de eso?

MENACHEM.–*(Se encoge de hombros.)* En ese entonces, la Reina de Saba tenía más de dieciséis años. Creo que sabía la diferencia... Después de todo, tres días y tres noches no es algo muy común... *(De nuevo trata de acercársele, pero interrumpe su intento al ver la cara de Melanie.)*

MELANIE.–*(Se le queda mirando.)* Ya nos conocemos en el sentido bíblico, pero realmente sé muy poco de ti.

MENACHEM.–Yo no sé mucho más de ti... sólo que eres científica... o no estarías en este congreso. Cuéntame algo personal.

MELANIE.–¿Quieres saber qué tipo de ciencia es la que practico?

MENACHEM.–¡No! No es tu ciencia lo que me interesa... Uno no puede hacerle el amor a la ciencia.

MELANIE.–Estoy sola.

MENACHEM.–Eso ya lo sé... si no fuera así no estaríamos aquí. Pero, ¿estás sola, en general?

MELANIE.–Soy viuda.

MENACHEM.–Lo lamento.

MELANIE.–Y no tengo hijos.

MENACHEM.–¿Cuántos años tienes?

MELANIE.–Adivina.

MENACHEM.–Treinta y siete; más, o menos, siete meses.

MELANIE.–Eso es muy preciso…. pero no inesperado en un ingeniero. Así que, como puedes ver, no me queda mucho tiempo… es decir para tener hijos. ¿Y tú?

MENACHEM.–¿Que si quiero tener hijos? Antes, sí. Pero ya no.

MELANIE.–¿Me estoy inmiscuyendo demasiado en el terreno personal?

MENACHEM.–Puede ser. *(Pausa.)* Pregunta otra cosa.

MELANIE.–Y *tú,* ¿cuántos años tienes?

MENACHEM.–*(Simula un susurro.)* Casi cincuenta. *(En voz más alta.)* Ahora me toca a mí preguntar de nuevo.

MELANIE.–*(Empieza a levantarse, pero entonces se aleja más de él en el borde de la cama.)* ¿Quieres decir… algo realmente personal?

MENACHEM.–Sí.

MELANIE.–En primer lugar, ¿me creerías si te dijera que nunca antes había hecho esto?

MENACHEM.–¿Qué quieres decir con *"esto"*?

MELANIE.–*(Trata de mostrar indiferencia, pero está ligeramente cohibida.)* Tener… eh… relaciones carnales…

MENACHEM.–*(Ríe.)* ¿De veras ustedes los gringos usan la expresión bíblica "tener relaciones carnales"…? *(Menachem intenta continuar, pero ella se inclina hacia él para taparle la boca con la mano.)*

MELANIE.–...con un hombre que conocí apenas hace unas horas en un congreso científico... de quien prácticamente no sé nada más que es un experto nuclear israelí, quien...

MENACHEM.–*(La interrumpe riendo.)* ¿O acaso porque provengo de la tierra de la Biblia?

MELANIE.–¿No me crees? ¿Piensas que acostumbro ir de cama en cama...?

MENACHEM.–¡Gringa tenías que ser! "Ir de cama en cama."

MELANIE.–Está bien... ¿cómo lo dirías tú?

MENACHEM.–Hacer el amor "con". O, tal vez, "a".

MELANIE.–¿Y tú prefieres?

MENACHEM.–"A".

MELANIE.–¿No es eso lo que hicimos?

MENACHEM.–Lo que hicimos fue "con"... "A" es diferente. Alguno de los dos tiene que tomar la iniciativa.

MELANIE.–Ya veo... y, por supuesto, mi viril israelí quiere ser el que...

MENACHEM.–No, no es eso. *(Pausa.)* Creo que lo dejaré en manos de mi puritana...

MELANIE.–La próxima vez trataré de hacer*te* el amor... si es que hay una próxima vez.

MENACHEM.–La habrá... ¡tiene que haberla!

MELANIE.–¿Estás tan seguro?

MENACHEM.–Sí... porque tú no andas de cama en cama.

MELANIE.–¿De veras lo crees? ¿Sinceramente?

MENACHEM.–Te creo a ti, sinceramente.

MELANIE.–Y, ¿por qué?

MENACHEM.–Te creo, porque en mi caso también es cierto.

MELANIE.–¿Nunca dormiste con una mujer que acababas de conocer?

MENACHEM.–Bueno... *(Pausa)* No con una que conocí apenas hace veinticuatro horas.

MELANIE.–Humm...

MENACHEM.–Humm...

MELANIE.–Humm... ¿qué?

MENACHEM.–Hace rato, empezaste diciendo: "En primer lugar...".

MELANIE.–¿Y bien?

MENACHEM.–Primero, que no andas de cama en cama. Pero, ¿qué es lo segundo?

MELANIE.–¿Lo segundo?

MENACHEM.–Sí, "lo segundo". Cuando mencionaste las relaciones carnales, dijiste: "En primer lugar". Así que debe de haber un "segundo". Incluso, puedo adivinar a qué te referías.

MELANIE.–Dímelo.

MENACHEM.–Tú primero. Si no es lo que yo pensé, me sentiría cohibido.

MELANIE.–No. *(Agita la cabeza vigorosamente.)* Tú primero. Por favor.

MENACHEM.–Está bien. Aparte de tu esposo, nunca hiciste el amor a un hombre casado.

MELANIE.–*(Visiblemente aliviada.)* Gracias.

MENACHEM.–¿Por qué?

MELANIE.–Por adivinar lo correcto.

MENACHEM.–En tal caso, ¿puedo hacerte otra pregunta?

MELANIE.–Adelante.

MENACHEM.–Cuando te acercaste a mí en el receso para el café, ¿sabías que era casado?

MELANIE.–No estaba segura. *(Pausa.)* Pero lo sospechaba.

MENACHEM.–¿Por qué?

MELANIE.–Porque la mayoría de los hombres en este congreso parecen ser casados.

MENACHEM.–*(Irónico.)* Así que ¿*parezco* casado?

MELANIE.–No pareces *soltero*. Pareces... *(busca la palabra)...* no lo suficientemente libre. No tienes la marca del anillo, pero percibí algún sello de propiedad.

MENACHEM.–¿Y por qué no me preguntaste?

MELANIE.–¡Vamos! ¿Debí haberme acercado a ti tímidamente y decir: "Soy la doctora Melanie Laidlaw. A propósito, ¿es usted casado"? *(Ambos ríen.)* Además *(se pone seria)* preferí no saberlo.

MENACHEM.–¿Por qué?

MELANIE.–Si —en ese momento— hubiera sabido que eras casado... es decir, si hubiera tenido la certeza... no me habría... no hubiera podido... *(Pausa larga.)* Menachem, sólo he estado con tres hombres...

MENACHEM.–No tienes que decírmelo.

MELANIE.–Sí, tengo que hacerlo. El primero fue cuando cursaba mi último año de universidad. Así que, como puedes ver, ya no era una niña. Y el segundo fue mi esposo, que además era mi profesor.

MENACHEM.–*(Se inclina hacia adelante. Notoriamente intrigado, incluso halagado.)* Entonces. ¿Qué te hizo...?

MELANIE.–¿Irme a la cama contigo? Sólo porque no he hecho el amor con ningún hombre desde la muerte de mi esposo no significa que no sea una persona sexual.

MENACHEM.–*(Se incorpora y esta vez logra tocarla. Suavemente.)* Lo sé.

MELANIE.–No quiero que pienses que me faltaron oportunidades. *(Pausa.)* Esta científica sabe la suficiente química para reconocer una reacción única, una que nunca antes había experimentado.

MENACHEM.–Tienes razón en que entre nosotros hay una química espontánea.

MELANIE.–Dije "única".

MENACHEM.–¿Cuál es la diferencia?

MELANIE.–Las reacciones espontáneas tienden a enfriarse rápidamente... a menos que se les agregue algo.

MENACHEM.–¿Como qué?

MELANIE.–Un químico diría que se necesitan más reactivos... o tal vez un catalizador.

MENACHEM.–¿De qué tipo?

MELANIE.–Es demasiado pronto para preguntar. Por ahora, la reacción arde todavía... no se ha enfriado.

MENACHEM.–Tal vez porque yo deseaba que ardiera no te dije, allá en el sauna, que era casado. Pero ahora lo sabes todo.

MELANIE.–¿Todo? *(Pausa.)* Para una científica, ésa es una palabra sin sentido. Nunca se puede saber todo. Pero se puede saber cuándo dejar de buscar.

(Él empieza a hablar, pero ella lo interrumpe besándolo en la boca.)

FIN DE LA ESCENA I

INTERLUDIO DE E-MAIL

Después de la escena 1

De: <mlaid@worldnet.att.com>
Para: <mdvir@alpha.netvision.net.il>
Asunto: Contacto
Fecha: Sábado 27 de mayo de 2000 08:51:59

Querido M.

Puesto que me has dado tu dirección de e-mail, ¿puedo suponer
   que nadie más lee tus mensajes?

"Mlaid"

De: <mdvir@alpha.netvision.net.il>
Para: <mlaid@worldnet.att.com>
Asunto: Personal
Fecha: Domingo 28 de mayo de 2000 10:11:34

Soy el único.

M.

De: <mlaid@worldnet.att.com>
Para: <mdvir@alpha.netvision.net.il>
Asunto: Protocolo
Fecha: Lunes 29 de mayo de 2000 20:08:37

Mi querido Menachem,

Tengo tanto que decirte, pero no puedo expresarlo. Aun cuando
nunca antes tuve una aventura, contigo las cosas parecieron tan

cómodas, tan fáciles y tan naturales. Pero, ¿una aventura por e-mail?
Ni siquiera conozco el protocolo.

¡Por favor escribe! ¡Pronto!

Melanie

> De: <mdvir@alpha.netvision.net.il>
> Para: <mlaid@worldnet.att.com>
> Asunto: ¿Protocolo?
> Fecha: Miércoles 31 de mayo de 2000 09:42:04

Mi encantadora Puritana,

Tendré que aprender a abrir más a menudo este buzón de e-mail
privado.

Preguntas acerca del protocolo del e-mail. Los israelíes no tenemos fama de seguir el protocolo. Por ejemplo, ¿cómo debo
dirigirme a ti? ¿"Mi querida Melanie"? Suena como que lo
escribe un tío nuestro. ¿Cómo te llamé cuando ME hiciste el
amor? Nunca olvidaré ese momento, pero no sé lo que dije.

Tendremos que crear nuestra propia etiqueta. Yo comenzaré con
"Mi encantadora Puritana". Suena bien, como educado, hasta
excitante.

Tu M.

> De: <mlaid@worldnet.att.com>
> Para: <mdvir@alpha.netvision.net.il>
> Asunto: Pensamiento exquisito
> Fecha: Viernes 2 de junio de 2000 21:01:45

Ami exquis, exquis amant!

(Ya que seguir el protocolo es muy francés, ¿por qué no saludarte
así?)

Después de nuestra primera noche en Austria, mi primera noche en la cama con un virtual extraño, pensé: hacer el amor con un extraño es lo mejor, porque no hay nada que ocultar ni nada que probar. Pero ya, en nuestra última noche, cuando dejaste de ser un extraño, me di cuenta de que estaba equivocada.

Escribiste, pero ¡tan poco! Escribe más.

Melanie

ESCENA 2

Septiembre de 2000. Laboratorio de biología reproductiva de la Dra. Melanie Laidlaw en el Centro REPCON de Investigación sobre la Infertilidad.

Dos taburetes y una mesa de laboratorio abarrotada de los característicos utensilios del laboratorio de un biólogo. (Objetos opcionales: cajas de Petri, contenedor de pipetas, soportes para tubos de ensayo, tal vez una centrifugadora de mesa.) El único elemento indispensable es un microscopio grande con doble ocular, que es el objeto clave en las próximas escenas. La apariencia general es algo desordenada. Felix Frankenthaler está sentado en uno de los taburetes frente a Melanie Laidlaw. Ambos están tomando té.

MELANIE.–*(Burlona, mientras sigue mirando a través del microscopio.)* Espero que no te sientas en una pocilga... tomando el té con una humilde doctora en un modesto laboratorio de biología. *(Levanta la vista, aparta el taburete de la mesa y gira sobre éste para estar frente a Felix durante el resto de la conversación. Sonríe afectuosamente.)*

FELIX.–*(Hace como que ríe brevemente.)* ¿En una pocilga? ¿En *tu* laboratorio? ¡Jamás! *(Toma un sorbo.)* Y tú... ¿"humilde"?

MELANIE.–*(Devuelve la sonrisa.)* Está bien... una doctora de primera.

FELIX.–*(Toma un sorbo.)* Buen té... pero ¿dónde están las galletas?

MELANIE.–En este establecimiento donde a nadie se le permite engordar, no hay galletas. De todas maneras... no te pedí que vinieras a charlar. Ahora me encuentro en una etapa de mi investigación en la que necesito la colaboración de un especialista clínico. Alguien como el eminente doctor Felix Frankenthaler.

FELIX.–*(Burlón.)* *¿Alguien* como yo? Cuando me llamaste, dijiste que yo era único.

MELANIE.–No pensé que el halago fuera a ofenderte.

FELIX.–Nunca me ofende.

MELANIE.–Pero tú *eres* especial: un experto en infertilidad que además atiende pacientes... que es la razón por la cual te lo pedí a ti. *(Con tono malicioso.)* Incluso eres conocido por tener un ligero interés en el laboratorio... De cualquier forma, cada uno de nosotros aporta algo que al otro le falta. *(Pausa.)* Tu clínica es una de las mejores del país.

FELIX.–Lo sé... lo sabes... mis pacientes lo saben... pero ¿cuántos más? Si tu investigación da resultados, su sola publicación contará más que todos los pacientes infértiles que yo podría convertir en padres.

MELANIE.–Haces que me ruborice.

FELIX.–No te estoy adulando. Sólo explico por qué estoy aquí. *(Pausa.)* ¿Qué tan avanzada va tu investigación?

MELANIE.–¡En unos cuantos meses estaré lista para intentar la fertilización de un óvulo humano mediante la inyección *directa* de un *solo* espermatozoide! Inyección... intracitoplásmica... de espermatozoide. *(Pausa)*... ICSI.

FELIX.–Si funciona, ¡ese acrónimo aparecerá en la próxima edición del Diccionario de Oxford! Incluso suena como el nombre de un chico... ICSI. Algo con lo que mis pacientes pueden identificarse. *(Pausa.)* Si se enteraran de lo que estamos haciendo... *(Mira a su alrededor, casi, pero no mucho, moviendo su cabeza.)* ...tirarían abajo la puerta. Hombres con grandes déficit en el número de espermatozoides nunca podrán ser padres biológicos de la manera tradicional. A ellos les tiene sin cuidado si la penetración del óvulo se lleva a cabo bajo la lente de un microscopio o en la cama... con tal que sea su propio esperma.

MELANIE.–Para ser francos, yo pensaba en las mujeres... específicamente en mí.

FELIX.–Eso lo entiendo. Si un bebé normal nace mediante el método ICSI serás famosa... mundialmente famosa... Hasta aquí, por supuesto, se trata de un gran *si* condicional. Pero ya que lo has logrado con óvulos de hámsteres, ¿por qué no ensayar con otros animales experimentales?

MELANIE.–Los hámsters dorados son los mejores animales experimentales para este tipo de trabajo. Cualquier respetable biólogo de la reproducción te lo podría decir.

FELIX.–¿Cuál es la prisa? El fracaso no te hará famosa.

MELANIE.–Tú hablas de la ICSI y la fama... y yo de la ICSI y la maternidad.

FELIX.–No entiendo qué tiene que ver la maternidad con la ICSI. Si una mujer que tiene una pareja infértil desea tener un hijo antes de que sea demasiado tarde... puede ir a un banco de esperma...

MELANIE.–Yo, por mi parte, no estaría muy dispuesta a ir...

FELIX.–¿Hablas en nombre de todas las mujeres, de algunas mujeres o, sencillamente, de ti? En mi experiencia, mis pacientes...

MELANIE.–*(Irritable.)* Yo no soy tu paciente y tampoco soy infértil. Al menos no todavía.

FELIX.–En tal caso, tú no necesitarías la ICSI. Son los hombres quienes la necesitarían... los que en nuestra jerga llamamos "con deficiencia reproductiva".

MELANIE.–Felix, eres el mismo de siempre, un doctor de primera... *(Pausa.)*

FELIX.–*(Burlón.)* Pero, pero, pero, ¿cuál es el pero?

MELANIE.–Pero… miras todas las cosas a través de las lentes teñidas de testosterona.

FELIX.–*(Mantiene su gesto burlón, pero afectuoso.)* Y ¿cuál es el punto de vista de mi colega, grabado con *estrógenos* al aguafuerte?

MELANIE.–En el caso de la ICSI, eso es fácil… en especial porque mis lentes no están grabadas al aguafuerte, sino pulidas. *(Sonríe con ironía.)* Tal vez sea por eso que miro más lejos que tú. *(Pausa.)* La ICSI podría convertirse en la respuesta para vencer el reloj biológico. Y si eso funciona, influirá en más mujeres que en los hombres infértiles que existen. *(Sonríe con ironía.)* Incluso me volveré famosa. *(Pausa.)* ¡*Nos volveremos* famosos!… eso si me ayudas como colaborador clínico.

FELIX.–¡No tan rápido, doctora Laidlaw! Seguro… yo también me volvería famoso… junto a ti… *si* esa primera fertilización ICSI tiene éxito… y *si* nace un bebé normal. Pero, ¿qué tiene que ver la ICSI con *(ríe con un dejo de sarcasmo)* "el reloj biológico de la mujer"?

MELANIE.–*(Se inclina hacia adelante, con interés.)* Felix, en tu práctica de fertilización *in vitro,* no es poco común congelar embriones durante meses y años antes de implantarlos en una mujer.

FELIX.–¿Por lo tanto?

MELANIE.–Por lo tanto, piensa en los óvulos congelados.

FELIX.–*(Con cierta desaprobación.)* Sé todo acerca de óvulos congelados… son muy diferentes de los embriones. Incluso la sola congelación ofrece problemas. Y después de descongelarlos, es difícil que funcione la inseminación artificial… ¿Quieres escuchar las razones de esos fracasos?

MELANIE.–¿A quién le importa? Lo que estoy haciendo no es una inseminación artificial *común y corriente*… no estoy exponiendo

el óvulo a una gran cantidad de espermatozoides y luego dejar-
los luchar por su cuenta a través de la barrera natural del óvulo.
(Pausa.) Nosotros inyectamos precisamente *dentro* del óvulo...
(Pausa.) Ahora, si la ICSI funciona en los seres humanos...

FELIX.–*Si* llega a funcionar, con mayúsculas.

MELANIE.–*(Tornándose irritable.)* Felix... estás empezando a re-
petirte. ¡No es *"si"*... es *"cuándo"*! ¡Y *cuándo* es *ahora!* Piensa
en esas mujeres... ahora mismo, la mayoría profesionales... que
posponen su maternidad hasta un poco antes o después de cum-
plir los cuarenta. Para entonces, la calidad de *sus* óvulos... sus
propios óvulos... no es la misma que cuando eran diez años más
jóvenes. *(Cada vez pone más énfasis.)* Así, cuando se perfec-
cione la criopreservación de los óvulos... y eso es sólo cuestión
de tiempo... con la ICSI, esas mujeres podrán abrir una cuenta de
banco para sus *jóvenes* óvulos congelados y tener una mejor
oportunidad para que su embarazo sea normal más adelante en
la vida. No hablo de óvulos *sustitutos*...

FELIX.–¿Más adelante en la vida? ¿Cerca... o aun después de la
menopausia?

MELANIE.–Tú haces que hombres de más de cincuenta sean donadores exitosos...

FELIX.–Entonces, ¿por qué no hacer lo mismo con las mujeres?
¿Hablas en serio?

MELANIE.–No estoy segura de que nosotros, los científicos de la
reproducción, debamos promover los embarazos posmenopáu-
sicos. Pero reducir los peligros del reloj biológico durante varios años... digamos ¿a la mitad de los cuarenta o incluso un
poco después? No veo por qué más mujeres no deberían contar
con esa opción.

FELIX.–Bueno... si eso funciona... no sólo serás famosa... serás
una celebridad.

MELANIE.–Arriesgaré la celebridad. La fama, la compartiré contigo.

FELIX.–*(Apaciguado.)* Muy bien... Así que encontraste un nuevo método de fertilización.

MELANIE.–Piensa más allá de eso... hacia una perspectiva más amplia de la ICSI. Estoy segura de que llegará el día, quizás en otros treinta años o aun antes, en que el sexo y la fertilización serán dos cosas independientes. El sexo será para el amor o la lujuria...

FELIX.–¿Con la reproducción bajo el microscopio? Claro... las personas infértiles se la pasan haciéndolo. *(Pausa.)* Y ¿las parejas fértiles?

MELANIE.–¿Por qué no?

FELIX.–¿Reduciendo a los hombres a simples proveedores de un solo espermatozoide?

MELANIE.–*(Ríe.)* ¿Qué hay de malo en que sea más importante la calidad que la cantidad? No me refiero a los bebés de probeta o a la manipulación genética. Y, por cierto, no estoy promoviendo la promiscuidad ovárica al probar con espermatozoides de hombres *distintos* para cada óvulo.

FELIX.–*(Ríe entre dientes.)* ¡"Promiscuidad ovárica"! Ésa es nueva. Y después ¿qué?

MELANIE.–*(Ahora seria y con énfasis.)* Cada embrión será seleccionado genéticamente *antes* de que el mejor de todos sea reimplantado en el útero de la mujer. Es la capacidad de la selección genética de la preimplantación de los embriones... más que cualquier otra cosa... lo que convencerá a las parejas fértiles a recurrir a la fertilización *in vitro*. ¿Por qué no mejorar las probabilidades por encima del papel que desempeña la Naturaleza en este juego de dados antes de quedar embarazada? Ustedes, los médicos, hacen esto todo el tiempo con mujeres mayores mediante la amniocentesis... pero sólo después de que tienen varios meses de embarazo. ¡La única opción que entonces les ofrecen es un aborto! En mi escenario, el siglo XXI será llamado "El siglo del arte":

FELIX.–¿No el de la ciencia? ¿No el de la tecnología?

MELANIE.–El siglo del... A... R.... T... *(lentamente y con énfasis)*, que es el acrónimo en inglés de: tecnologías de reproducción asistida. Los hombres y las mujeres jóvenes abrirán cuentas en los bancos reproductivos que estarán llenos de espermatozoides y óvulos congelados. Y cuando deseen tener un bebé, irán al banco para retirar lo que necesiten.

FELIX.–Y una vez que tengan una cuenta bancaria de ese tipo... también podrían esterilizarse.

MELANIE.–¡Exactamente! Sólo que harán más temprano en la vida lo que millones de personas maduras ya están haciendo todo el tiempo. Si mi predicción va en la dirección correcta, otras formas de control de la natalidad se convertirán en algo superfluo.

FELIX.–*(Con ironía.)* Entiendo. ¿Entonces la píldora irá a parar a un museo... *(pausa)*... del ARTE del siglo XX?

MELANIE.–Claro que esto no sucederá de la noche a la mañana... Pero las tecnologías... de la reproducción asistida... nos están impulsando en esa dirección... y no digo que todo irá de maravilla. Primero se dará entre la gente más adinerada.... y seguramente no en todo el mundo. Al principio, sospecho que tendrá lugar aquí mismo... en Estados Unidos... y especialmente en California.

FELIX.–*(Menea la cabeza.)* El mundo feliz de Melanie.

MELANIE.–¿Tienes miedo de ayudarme a hacer esto posible?

FELIX.–No... no tengo miedo. Pero antes de que te des cuenta, las mujeres solteras utilizarán la ICSI para convertirse en madres solteras... las amazonas del siglo XXI. Eso es lo que me preocupa.

MELANIE.–¡Olvídate de las amazonas! Sólo piensa en las mujeres que no han encontrado la pareja adecuada... o que se han enredado con un desgraciado... o mujeres que sólo desean tener un hijo antes de que sea demasiado tarde... en otras palabras, Felix, piensa en mujeres como *yo*.

FIN DE LA ESCENA 2

INTERLUDIO DE E-MAIL

Después de la escena 2

De: <mlaid@worldnet.att.com>
Para: <mdvir@alpha.netvision.net.il>
Asunto: Novedades científicas
Fecha: Sábado 16 de septiembre de 2000 11:18:27

Querido Menachem:

En aquel momento (¡con qué lentitud pasa el tiempo!), me dijiste que uno no puede hacerle el amor a la ciencia. Ya no estoy tan segura de eso.

Lo que más ansío ahora es trabajar en el laboratorio. Mi investigación se mueve sobre rieles, como si fuera a ser recompensada por todos los días de tediosos progresos y de retrocesos. He pedido a un médico de primera que me acompañe. Hasta el día de hoy, he trabajado como la típica científica en su torre de marfil que quiere construir sola su propia reputación, pero ya estoy lista para el trabajo en equipo.

Sólo te envío esta breve nota porque tengo que volver al laboratorio. Empiezo a contar las semanas que faltan para nuestra próxima conferencia en ¡¡¡Austria!!!

La Puritana (que cada día lo es menos).

ESCENA 3

Montada como un sueño de Melanie.
Noviembre de 2000.

Desde fuera del escenario se escucha una voz masculina —o la voz de dos hombres (Menachem y Felix), cuyos rostros llevan máscaras o están muy poco iluminados para que el público los pueda reconocer fácilmente, que hablan ya sea al unísono o en alternancia rápida.

MELANIE.–Éste no es un banco común y corriente.

VOZ MASCULINA.–Usted no es una cliente común y corriente, doctora Laidlaw.

MELANIE.–Quiero información sobre retiros con fines de investigación.

VOZ MASCULINA.–¿Quiere hacer un retiro?

MELANIE.–Sólo información.

VOZ MASCULINA.–¿De qué monto es el retiro?

MELANIE.–Necesito un espermatozoide.

VOZ MASCULINA.–Lo lamento… el retiro mínimo es de 80 millones.

MELANIE.–Verá, busco a un padre potencial.

VOZ MASCULINA.–Entonces un banco de esperma no es el lugar…

MELANIE.–¡Perdón! Quise decir un donador potencial.

Voz masculina.–Eso sí podemos proporcionárselo.

Melanie.–Quisiera saber qué opciones tienen.

Voz masculina.–Probablemente más de las que usted pueda imaginar.

Melanie.–¿Cómo?

Voz masculina.–A ver… pregunte.

Melanie.–¿Qué tan específica puedo ser?

Voz masculina.–Inmensamente. Por ejemplo… el cabello: *(Lee muy rápido.)* ¿Ralo, fino, promedio, grueso… o bien, rizado, ondulado o lacio? O… *(pausa)…* con hoyuelos en las mejillas, en la barbilla, nariz aguileña… ¿Diestro o zurdo?… En caso de que lo desee con pecas, ¿pocas o muchas? *(Pausa, baja la velocidad.)* Creo que empieza a darse una idea. Supongamos que quiere saber los matices de la tez del hombre. *(De nuevo aumenta la velocidad.)* ¿Muy clara, clara, mediana, aceitunada u oscura? Y si eligiera "aceitunada" u "oscura", tiene que marcar una de cuatro casillas: tostado suave, tostado oscuro, moreno o negro.

Melanie.–¡Ya basta! ¿Qué hay acerca de sus antecedentes étnicos?

Voz masculina.–Al momento, nuestros archivos muestran una lista de ochenta opciones.

Melanie.–Son demasiadas para mí.

Voz masculina.–Usted sólo tiene que elegir una.

Melanie.–¿Qué le parece un israelí?

Voz masculina.–*(Con tono de sorpresa.)* ¿Israelí? Echemos un vistazo… *(Pausa.)* ¡Mire, qué sorpresa! Donador número 2062:

israelí… *(descripción del actor que representa a Menachem),* 1.80 de estatura, 75 kilos… cabello negro lacio… ingeniero nuclear…

MELANIE.–*(Ríe.)* Suena prometedor.

VOZ MASCULINA.–Hay… veamos… 26 páginas. Permítame leerle solamente los encabezados. *(Empieza a hablar muy rápidamente.)* Experto en matemáticas, en mecánica, en atletismo, deporte favorito, pasatiempos, habilidades artísticas, escritores favoritos…

MELANIE.–*(Asombrada.)* ¿Escritores?

VOZ MASCULINA.–*(Simpático.)* ¿Por qué no? Suponga que se da cuenta de que a su ingeniero nuclear israelí le gusta leer a Harry Potter. ¿No cree que eso le dice algo acerca del hombre?

MELANIE.–*(Ríe fugazmente.)* Supongo que sí. *(De pronto adopta aires de ejecutiva.)* Todo esto es muy divertido… pero, ¿qué hay respecto de la composición genética?

VOZ MASCULINA.–Revisamos que no haya enfermedades: la de Tay-Sachs, la de Huntington, la de Gaucher, la de Wilson, la de Crohn… de nuevo, puede darse una idea. Seleccionamos rigurosamente a todos los donadores… Puede solicitar pruebas adicionales… con cargo a su cuenta, por supuesto. Aceptamos MasterCard o Visa… pero no American Express. Disponemos de informes completos.

MELANIE.–¿Podría obtener una fotografía?

VOZ MASCULINA.–Éste es un banco de esperma, no una agencia matrimonial. Nuestros perfiles le darán más información de la que la mayoría de las esposas jamás logran obtener.

MELANIE.–Soy viuda… no una esposa. Y no deseo adoptar. Quiero ser una madre *biológica* que dé a luz a su *propio* hijo… y el tiempo se está acabando.

Voz masculina.–Podemos ofrecerle un donador fértil… pero no una fotografía.

Melanie.–*(Para sí misma.)* Tenía la esperanza de convencerme de que bastaría con un donador anónimo de espermatozoide. Pero no, creo que debo *escuchar* las respuestas, no sólo *leerlas*. No… eso tampoco es suficiente… supongo que tuve que venir aquí para saber que necesito *conocer* al hombre.

Voz masculina.–Entonces, tal vez un banco de esperma no sea la primera escala. *(Pausa.)* El romance escasea por aquí. En este lugar, todo lo que tenemos son miles de millones de espermatozoides, pero no disponemos de parejas.

Melanie.–Pero necesito uno de cada cual.

FIN DE LA ESCENA 3

INTERLUDIO DE E-MAIL

Después de la escena 3

De: <mlaid@worldnet.att.com>
Para: <mdvir@alpha.netvision.net.il>
Asunto: Deseo
Fecha: Lunes 4 de diciembre de 2000 11:32:28

Mi adorado Menachem:

Sigo sorprendida por la intensidad de mi deseo hacia ti, y me impresiona su persistencia. Un puente sirve para unir, pero también para separar, como sucede con el placer sexual. Me encanta saber que lo que hubo entre nosotros no fue sólo un ligue de una noche, y ahora me doy cuenta de que un ligue de cuatro noches no dura mucho más. ¿Acaso la persistencia de mi deseo —casi ocho meses ya— se suma a aquellos días, y hace de esto un ligue de 240 noches? Y ¿puede el solo deseo convertir lo que pasó entre nosotros en algo trascendente? No sólo mi deseo, por supuesto. Pero ¿si éste fuera de ambos? ¿NUESTRO deseo?
  Tu Puritana

ESCENA 4

Enero de 2001, sala de estar en la suite de un hotel
durante un congreso científico.

*La escasa iluminación proviene de una lámpara que está sobre una
mesita al lado de un sofá, o el difuso brillo de la luna a través de
una ventana. En el centro del escenario, al fondo, se ve la puerta
entreabierta de un dormitorio. De repente, en el umbral de la
puerta se ve la silueta de Melanie, descalza y cubierta solamente
con una camisa de hombre; en la mano derecha lleva un pequeño
objeto. De puntillas, rápida y silenciosamente, se dirige hacia la mesita que está al lado del sofá donde se aprecia, iluminado por la
lámpara, un neceser cerrado con cremallera. De inmediato queda
claro que ella sostiene un condón expandido, usado. Con mucho
cuidado, y muy despacio, anuda el extremo abierto del condón y
toma el neceser, intentando abrirlo (sin éxito). Sosteniendo el condón entre los dientes, con ambas manos finalmente logra abrirlo y
extrae una pequeña botella térmica de boca ancha (o, de preferencia, un frasco de Dewar), cuya tapa desenrosca. Suelta el condón,
que cae directamente en el termo, lo tapa firmemente con visible
esfuerzo, lo pone de nuevo dentro del neceser, y cierra la cremallera. Está por volver al dormitorio cuando Menachem, envuelto
en una sábana o cobertor a modo de toga, aparece en el umbral de
la puerta.*

MELANIE.–*(Se recupera rápidamente de la sorpresa.)* ¡Salve, César!

MENACHEM.–¿No Salomón?

MELANIE.–*(Con timidez.)* ¿Echabas de menos a la Reina?

MENACHEM.–Te echaba de menos a ti.

MELANIE.–¿Tan pronto...

MENACHEM.–Sobre todo tan pronto.

MELANIE.–Bueno… aquí me tienes.

MENACHEM.–Pero, ¿por qué te fuiste?

MELANIE.–El hombre propone, pero la mujer dispone. No me preguntes… es cosa de mujeres. *(Rápidamente lo conduce hasta el sofá. Se acarician amorosamente.)*

MENACHEM.–Daría una moneda por saber qué piensas.

MELANIE.–¿Tan poco?

MENACHEM.–Entonces, tres monedas.

MELANIE.–Y un beso.

MENACHEM.–Trato hecho. *(La besa brevemente.)* Y ahora dime qué piensas.

MELANIE.–¿A eso llamas un beso? ¿A cambio de uno de mis pensamientos más íntimos? *(Lo besa con pasión, quizás hasta trepándosele encima.)*

MENACHEM.–*(Finalmente se aparta.)* ¡Ha de ser un pensamiento extraordinario!

MELANIE.–¿Recuerdas cuando me pediste que me reuniera contigo en el sauna… con toda esa gente… hace ocho largos meses?

MENACHEM.–¿No fue ahí donde todo lo nuestro comenzó?

MELANIE.–¿Era ésa tu versión moderna del estanque del Rey Salomón? Un pretexto para inspeccionarme… desnuda.

MENACHEM.–¡No estabas desnuda! Eras la única persona cubierta con una toalla.

MELANIE.–Es mi herencia puritana... en especial cuando tomo baños sauna con desconocidos.

MENACHEM.–Tu toalla era demasiado corta.

MELANIE.–Aun así... cubría las partes esenciales.

MENACHEM.–Por eso, hizo todo de lo más excitante.

MELANIE.–Entonces dime... ¿el sauna fue tu estanque? ¿Fuiste sólo otro Salomón dispuesto a aprovecharse?

MENACHEM.–No eres muy cortés con el Rey. ¿Sabes lo que el Kebra Nagast dice sobre Salomón y la Reina de Saba?

MELANIE.–El ¿qué?

MENACHEM.–Es la Biblia Etíope. Según ésta, el Rey se metió en la cama de la Reina, o viceversa...

MELANIE.–*(Juguetonamente indignada.)* ¿Qué quieres decir con... "viceversa"? ¡La Reina jamás lo habría hecho!

MENACHEM.–De acuerdo... entonces yo inventé esa parte. Pero el resto es cierto. Nueve meses después... *(La abraza y susurra a su oído)* ...la Reina fructificó.

MELANIE.–¿No estaba casado Salomón cuando conoció a la Reina?

MENACHEM.–¿Qué tiene que ver eso con que ella haya quedado encinta?

MELANIE.–Muchas mujeres podrían responderte. Seguramente, ella sólo deseaba un hijo y decidió ayudarse un poco con la semilla de Salomón...

MENACHEM.–Al menos eso jamás podría sucederme.

MELANIE.–¿Porque eres más listo que Salomón?

MENACHEM.–Porque soy infértil... porque fui víctima de un accidente con radiaciones. El especialista dijo que era una oligospermia grave... usando términos griegos cuando simplemente podrían haber dicho que "tengo muy pocos espermatozoides".

MELANIE.–*(Desconcertada.)* ¿Es por eso que una vez dijiste que ya no podías tener hijos? Pensé que te referías a tu edad.

MENACHEM.–¿Todavía recuerdas lo que dije hace ocho meses? Cómo vuela el tiempo.

MELANIE.–No... cuán lento pasa. Ocho largos meses.

MENACHEM.–*(Un poco conmovido.)* ¿Cómo podríamos evitarlo? Yo vivo en Israel y tú en Estados Unidos.

MELANIE.–Y tú eres casado... Y no debería permitirme el lujo... ¿o acaso la penuria?... de enamorarme de un hombre casado.

MENACHEM.–Melanie... yo estoy enamorado de ti...

MELANIE.–Los hombres son distintos... ellos hacen el amor *a* las mujeres, pero, básicamente, andan por ahí diseminando su semilla...

MENACHEM.–No es mi caso. Yo soy infértil.

MELANIE.–La infertilidad es algo relativo.

MENACHEM.–La mía me parece bastante absoluta.

MELANIE.–Si no tuvieras, en lo *absoluto*, *ni un solo espermatozoide* serías *absolutamente* infértil. Pero eso es bastante raro. La ciencia reproductiva avanza tan rápido en estos tiempos que... *(Se contiene antes de terminar la frase.)* Pero basta de ciencia. Como ambos sabemos, acudimos a este congreso no sólo por razones científicas.

MENACHEM.–Y eso ¿dónde nos coloca?

MELANIE.–A mí me coloca a la espera del próximo congreso científico... al cual mi amante casado siempre asiste... solo.

MENACHEM.–¿Puedes aceptar eso?

MELANIE.–No estoy segura. Nunca antes tuve una aventura.

MENACHEM.–Pero Melanie, hay un vínculo.

MELANIE.–Lo hay... si no, no estaríamos aquí. Oh, Menachem...

MENACHEM.–*(Con cariño.)* Dame algo tuyo que pueda llevar conmigo.

MELANIE.–¿Como qué?

MENACHEM.–Si me preguntas, un mechón de tu pelo está bien.

MELANIE.–Adelante.

MENACHEM.–Lo haré... más tarde... cuando haya decidido de dónde. *(La besa.)* ¿Qué te gustaría tener de mí?

MELANIE.–*(Se aparta de él lentamente.)* Quizás ya me hayas dado todo lo que me hacía falta.

FIN DE LA ESCENA 4

INTERLUDIO DE E-MAIL

Después de la escena 4

De: `<mlaid@worldnet.att.com>`
Para: `<mdvir@alpha.netvision.net.il>`
Asunto: TU regalo
Fecha: Sábado 10 de febrero de 2001 20:17:42

Menachem mío,

Estoy muy inquieta porque mañana es el gran día en el laboratorio, tal vez el día más importante de mi vida. ¡Cruza los dedos por mí! Si me traes suerte, entonces me habrás dado el más grande regalo que podrías ofrecerme.
  De prisa,
  Tu Melanie

ESCENA 5

Domingo, 11 de febrero de 2001.

Melanie, con bata y gorro quirúrgicos, está sentada al lado de una mesa de laboratorio donde hay un sistema ICSI estándar que consta de un microscopio, micromanipuladores e instrumentos relacionados, así como una videograbadora conectada al microscopio para proyectar la imagen en una pantalla (o monitor de TV). Se sienta en línea perpendicular al monitor para poder observar las imágenes de la pantalla mientras aparenta mirar a través del microscopio.

FELIX.–*(Entra sin llamar.)* Aquí estoy… tan puntual como siempre. Tú ya estás lista.

MELANIE.–*(Impaciente.)* Estoy aquí desde hace un buen rato. Ponte una bata.

FELIX.–Los domingos por la mañana es cuando dedico más tiempo a mis hijos. Fuera de que es un gran sacrificio, ¿no merezco algún reconocimiento?

MELANIE.–*(Con brusquedad.)* ¡Hoy no se dan premios! Comencemos. *(Mientras él se pone la bata, Melanie continúa ajustando el microscopio.)*

FELIX.–No has parado en dos meses. ¿Acaso nadie te dijo que hoy es domingo?, supuestamente el día de descanso.

MELANIE.–Felix, esto es ciencia, no religión.

FELIX.–¿Ah, sí? Si esto funciona, ¿no crees que no se te acusará de jugar a ser Dios?

MELANIE.–De eso nos preocuparemos después. Ahora necesito manos firmes. *(Empieza a ponerse unos guantes de látex.)*

FELIX.–Lo sé. ¿Acaso no salí más que airoso en mi práctica con aquellos óvulos de hámster?

MELANIE.–Lo hiciste muy bien con mis hámsteres, pero ahora hagámoslo con material de verdad... *(Se inclina sobre el microscopio.)*... Hemos recolectado siete óvulos de primera, todos de la misma fuente. Primero veamos cómo lo hago con los dos primeros. Si todo sale bien, te permitiré hacerlo con los dos siguientes. Y luego terminaré con el resto. *(Termina de ponerse los guantes.)* Manos a la obra. Felix, ¿podrías encender la video y la grabadora? Quiero que observes en el monitor lo que hago bajo el microscopio.

FELIX.–¿Por qué una grabadora?

MELANIE.–Para este primer experimento de ICSI en la historia, quiero llevar un registro completo... con imagen y sonido.

FELIX.–Lo que usted mande... mi capitán... ambas están encendidas. *(Oprime el botón y se vuelve hacia la pantalla. Los dos están en completo silencio mientras la pantalla se enciende. Melanie está inclinada sobre el microscopio, y con ambas manos manipula las palancas que están a cada lado del instrumento. Se sienta para poder coordinar sus palabras con la acción en la pantalla.)* Ah... aquí vamos. *(Alterado.)* ¡Dios mío!, este esperma es de mala calidad. *(Durante la presentación de la primera imagen, que proyecta muchos espermatozoides prácticamente inmóviles, tiene lugar un diálogo rápido entre Melanie y Felix, que corresponderá a las imágenes en la pantalla.)*

MELANIE.–¿Qué esperabas de un hombre funcionalmente infértil?

FELIX.–*(Alterado.)* ¿Qué? ¿Estás loca? ¿Esperma de un hombre *infértil*? ¿Por qué lo... *(Cuando aparece la imagen de un par de espermatozoides en movimiento, Melanie, quien no desea revelar en este momento la procedencia del semen, interrumpe a Felix.)*

MELANIE.–*(Acelera el tempo y la intensidad del diálogo.)* Luego hablamos, Felix. ¡Pero estos dos *están* nadando!, buena señal...

FELIX.–*(Al aparecer en la parte inferior de la imagen un solo espermatozoide activo, se olvida un momento de su preocupación e interrumpe entusiasmado, aunque con sarcasmo.)* Bien, fantástico... dos auténticos machos... *(El diálogo tiene que coordinarse a la perfección con lo que ocurre en la pantalla.)*

MELANIE.–Mi ICSI sólo necesita uno... Pero primero tengo que apresar este espermatozoide por la cola para que no se escape... *(Se queda boquiabierta cuando el espermatozoide se dirige inesperadamente hacia la aguja capilar; luego levanta la voz, con estridencia, casi histéricamente.)* ¡Dios mío!... ¡Mira, Felix! ¡Mira!... ¡Se dirige justo hacia la aguja capilar... entrará de cabeza!

FELIX.–¡Oh, no! ¡Ésa no es la forma correcta! ¿Y ahora qué?

MELANIE.–*(Recupera la calma.)* Tengo que extraerlo de ahí y empezar todo de nuevo. *(Pausa, mientras ella expulsa el espermatozoide.)* ¡Fuera de ahí! Apuesto a que no lo volverás a hacer. *(Rápidamente mueve la pipeta hacia el espermatozoide, y cuando logra atraparlo por la cola exclama jubilosa:)* ¡Te tengo!

FELIX.–¡Ay! ¡Ten cuidado! ¡Estoy seguro de que le hiciste daño!

MELANIE.–¡Eso es lo que tú crees! Los espermatozoides no tienen sensibilidad. Ahora viene la parte difícil. Primero tengo que aspirar su cola... Tan pronto como me acerque lo suficiente, una pequeña succión bastará... ¡Ja! ¡Te tengo!

FELIX.–¡No está mal! Nada mal. *(La imagen de la pantalla muestra cómo la pipeta succiona el espermatozoide por la cola. Luego la imagen capta a Melanie "jugando" con la cabeza del espermatozoide, moviéndolo de un lado al otro para demostrar que puede manipularlo fácilmente.)* ¡Deja de jugar con él! ¡Sólo tienes uno!

MELANIE.–No estoy jugando con él. Sólo quiero estar segura de que puedo manipularlo a voluntad... Y ¿por qué siempre lo llamas "*él*"? *(Silencio durante unos cuantos segundos hasta que aparece la imagen del óvulo.)* ¡Ya estamos todos! ¿No es *preciosa*? Sólo mírala... aquí estás mi preciosa bebita... ahora quédate quietecita mientras te arreglo un poco... mientras te sujeto con mi pipeta de succión...

FELIX.–*(Señala en la imagen el cuerpo polar.)* El cuerpo polar hacia arriba.

MELANIE.–Igual que una cabecita. La quiero en la posición que indican las manecillas del reloj a las doce horas. *(En la pantalla se ve el óvulo inmovilizado precisamente en la posición deseada para la penetración.)* Felix, ahora cruza los dedos. *(Él se inclina hacia adelante, claramente fascinado. La pipeta de inyección que contiene el espermatozoide aparece en la imagen, pero ésta permanece inmóvil.)*

FELIX.–No es momento para supersticiones. ¡Sólo introduce la aguja capilar!

MELANIE.–Es sólo que... *(Pausa, mientras la imagen en la pantalla muestra la pipeta de inyección ahora alineada con respecto del óvulo exactamente en la posición de las manecillas del reloj al marcar las tres.)* ...realizar el primer experimento de ICSI con este espermatozoide para meterlo en... este óvulo... (Melanie lanza un grito ahogado de alivio cuando la pipeta penetra el óvulo.)*

FELIX.–*(Pega un brinco, como si él mismo hubiera recibido el pinchazo.)* ¡Dios mío! ¡Lo hiciste! ¡Magnífica penetración! *(La imagen muestra la pipeta dentro del óvulo.)* ¡Ahora suéltalo! (Señala hacia la cabeza del espermatozoide en la pipeta.)*

MELANIE.–Aquí vamos. *(La imagen muestra la cabeza del espermatozoide justamente en la punta de la pipeta de inyección, pero no lo expele. Ella lo vuelve a aspirar y le da un segundo empujón.)* ¡Mierda! ¡Primero *te metes* cuando no se te invita y ahora no *sales* cuando deberías hacerlo! ¡Tienes que salir! *(Al tercer intento, puede verse en la pantalla claramente cómo la cabeza del espermatozoide pasa de la pipeta al citoplasma del óvulo.)* Ah, qué niño obediente. *(Retira la pipeta con mucho cuidado.)*

FELIX.–*(Entusiasmado.)* ¡Lo lograste, Melanie! ¡Míralo... sólo míralo! Ahí sentadito. *(Se acerca a la imagen y señala la cabeza del espermatozoide en la pantalla. Con voz más calmada.)* Es asombroso. Ese óvulo parece... ¿cómo podría decirlo?... inviolado, casi virginal.

MELANIE.–*(Por primera vez levanta la vista del microscopio.)* Será mejor que no lo esté... lo violé muy conscientemente, y mañana espero ver la división celular... Felix *(señala la videograbadora)*, apaga la video. *(Felix la apaga.)*

FELIX.–*(En tono acusador.)* Pero, Melanie, ¿a quién pertenece este inmundo espermatozoide que estamos utilizando?

MELANIE.–Apaga la grabadora. No necesito registrar tus quejas.

FELIX.–Apenas podía moverse... Difícilmente podrías haber hecho una peor elección.

MELANIE.–*(En tono de burla.)* *Podría* haber tomado el semen de un hombre *muerto.*

FELIX.–¿Estás insinuando que la ICSI podría utilizarse con un espermatozoide como ése? ¿O sólo bromeas? Y sí así fuera... *(agita un dedo)*, no es momento para bromas.

MELANIE.–No bromeo... sólo especulo. Si el esperma de un hombre *fértil* muerto se aspira a las pocas horas de haber fallecido... tal vez incluso después de 24 horas... aún podríamos contar con algunos espermatozoides activos... ese semen podría conservarse durante meses, si no es que *años* y entonces utilizarlo todavía para la ICSI. Eso ya se hizo con ratones.

FELIX.–¿Y piensas que eso está bien?

MELANIE.–Preguntaste si era posible la fertilización ICSI con el espermatozoide de un hombre que acaba de morir, y mi respuesta fue sí. No preguntaste si eso estaba bien.

FELIX.– ¡Te lo pregunto ahora! ¿Utilizarías el espermatozoide de un hombre *muerto* y, supongo, el óvulo congelado de una mujer muerta para generar huérfanos *instantáneos*?

MELANIE.–No... no me atrevería a tanto.

FELIX.–Pero alguien más podría hacerlo.

MELANIE.–Los hijos necesitan por lo menos a uno de los padres... de preferencia a los dos.

FELIX.–*(Con ironía.)* Me siento aliviado al escuchar eso. *(Pausa.)* Entonces ¿quién *es* el padre?

MELANIE.–No hay ningún padre en el sentido estricto de la palabra.

FELIX.–¿Una inmaculada concepción?

MELANIE.–Bueno... de alguna manera así es. No hubo penetración de la mujer, ni contacto sexual. De hecho, en ese momento, no había ninguna mujer, ninguna vagina... ni ningún hombre *(pausa)*... La única penetración *(pausa)*... fue la de la pequeña aguja que entró suavemente en el óvulo en una caja de Petri, depositando un solo espermatozoide. *(Ríe.)* Incluso la penetración fue realizada por una mujer. *(Pausa.)* Si esta inyección ICSI funciona.... y eso lo sabremos en un par de días... quiero que tomes el embrión, lo insertes en una mujer... y que luego la trates con delicadeza durante los próximos ocho o nueve meses, hasta el nacimiento del bebé.

FELIX.–¿De dónde proviene este óvulo?

MELANIE.–De mí.

FELIX.–¿Qué? ¿Experimentas en ti misma?

MELANIE.–¿Por qué no? Como si en medicina no existiera la tradición de experimentar con uno mismo. ¿Quién lo hizo con la malaria? ¿O fue con la fiebre amarilla?

FELIX.–Jesse Lazear. Fiebre amarilla. *(Pausa.)* Y murió de eso.

MELANIE.–Prefiero pensar en Barry Marshall. Es una historia más feliz. La del australiano que tuvo que infectarse a sí mismo con *H. pylori* para que le creyeran que ése es el agente causante de las úlceras. Tuvo úlcera, pero sobrevivió y se hizo famoso.

FELIX.–Él estaba trabajando con úlceras. Tú lo estás haciendo con bebés. Algunos bebés pueden provocar una úlcera, pero no la mayoría.

MELANIE.–*(Con gesto displicente.)* No soy propensa a las úlceras. ¿Por qué esos óvulos *(señala el microscopio)* no podrían provenir de aquí? *(señala su vientre).* Lo que viste en esta pantalla provino de mí. Lo mismo que los otros seis que están allá... *(Señala hacia la caja de Petri.)*

FELIX.–¿Por qué no esperar hasta que estemos seguros de que la ICSI funciona antes que hacerlo en tus propios óvulos? Agregar una variable emocional... es mala ciencia. Es una locura.

MELANIE.–No es una locura... es humano. Me convertiré en madre... y luego seré famosa.

FELIX.–Melanie... los dos estamos en esto. Si tú das a luz, lo publicaremos juntos... y en forma triunfal. Pero si no hay ningún bebé... o peor aún, si nace uno con daños genéticos... ¿cómo quedan las cosas?

MELANIE.–Felix, tú tienes dos hijos... y para ti la edad no es importante. Puedes tener más. Pero mi tiempo se está acabando. No lo olvides, yo no congelé ninguno de mis óvulos jóvenes. El riesgo aumenta ahora con cada año que espere.

FELIX.–Está bien... está bien. Pero ¿de veras conseguiste personalmente este deplorable material? *¿Por qué?*, por el amor de Dios. ¿Por qué no fuiste a un banco de esperma?

MELANIE.–Ya estuve en un banco de esperma...

FELIX.–Y ¿qué sucedió?

MELANIE.–Nada. Sólo que no pude tratar con un donador anónimo de esperma. Punto. Quería *conocer* al padre biológico de mi hijo.

FELIX.–*(Con sarcasmo.)* *¿Tú* no puedes tratar con un donador anónimo de esperma? *¿Tú,* quien, con la ICSI, habrías convertido al hombre promedio, el donador de millones de espermatozoides, en el proveedor de uno solo? *¿Tú,* la madre de ese inteligente Nuevo Mundo, como lo llamaste no hace mucho tiempo? Y sin embargo *¿tú* tienes que *conocer* al donador de este espermatozoide solitario? ¿Qué buscas —si es que puedo preguntar— en un padre biológico? Las apariencias pueden ser engañosas. Por ejemplo, ¿qué me dices sobre la salud?

MELANIE.–La salud, en general, e incluso las apariencias, pueden verse bien sobre el papel... pero también hay características intangibles que solamente se pueden intuir en *alguien:* bondad, sabiduría, *savoir faire,* carisma... toda esa clase de cosas personales. En un banco de esperma, encuentras espermatozoides... no un hombre. Con la ICSI, puedo tomar todo en cuenta.

FELIX.–No veo cómo puedes hacerlo. A menos que para probar el valor de la ICSI estés echando deliberadamente el anzuelo en tu estanque de padres potenciales para encontrar un hombre *in*fértil.

MELANIE.–No se trata de pesca deliberada. Es sólo que de esa manera no tienes que volver a tirar al agua a un pez como ése.

FELIX.–Pero ¡eso es una locura! ¿Por qué correr tal riesgo?

MELANIE.–Porque en ese estanque de padres potenciales... como lo llamaste tan atinadamente... estaba el único pez que me interesó.

FELIX.–¿Y lo pescaste?

MELANIE.–¿Y qué pasa si lo hice? Recuerda... son *mis* óvulos los que estamos inyectando.

FELIX.–Este primer intento de fertilización con la ICSI debe ser ciencia... ¡no puede ser romance! ¿Cuál es la causa de la infertilidad de este hombre? ¿Has pensado en ello? Si hay alguna información genética que se nos escape, podrías dar vida a quién sabe qué cosa.

MELANIE.–Cuando llegue el momento, tomaré las precauciones necesarias.

FELIX.–*(Con vehemencia.)* ¿*Cuando* llegue el momento? ¡Ya utilizaste ese espermatozoide! Como tu socio clínico, ¡tengo el derecho de conocer la fuente de la infertilidad de ese hombre! La mayoría de los espermatozoides apenas mostraban motilidad. ¿Por qué? Debe de haber toda clase de razones para que su virilidad... si me permites una expresión delicada... sea incompleta.

MELANIE.–¡Virilidad incompleta! ¡Qué sensibles son ustedes, los hombres! *(Pausa.)* Pero la respuesta es sí... por supuesto, conozco la razón.

FELIX.–¿Cuál es?

MELANIE.–A su debido tiempo...

FELIX.–¿"A su debido tiempo"? ¡Quiero saberla ahora!

MELANIE.–Me temo que tendrás que ser paciente.

FELIX.–Pero, soy tu médico clínico.

MELANIE.–¡Exacto! En este momento, ni siquiera sabemos si hemos logrado la fertilización. Y aunque lo hubiéramos hecho, tampoco sabemos si el embrión se implantará. Ahí es donde entras tú.

FELIX.–¿Y qué precauciones tomarás en ese momento?

MELANIE.–La selección genética de la preimplantación del embrión... y, desde luego, repetirla más adelante mediante la selección fetal.

FELIX.–No puedes seleccionar todo. Existen condiciones en que la infertilidad del donador se asocia con serios desórdenes genéticos en la descendencia. Fibrosis quística, por mencionar sólo uno. Las probabilidades son altas: uno de cada cuatro.

MELANIE.–Sé todo sobre eso. En esa condición, los hombres infértiles no presentan espermatozoides en su eyaculación. ¡Puedo asegurarte que este hombre eyaculó ese espermatozoide!

FELIX.–*(Enojado.)* ¡Por el amor de Dios, Melanie! Existen muchos otros factores que pueden provocar anormalidades genéticas... y si nace un bebé así, puedes decir adiós a todo esto.

MELANIE.–¿Decir adiós... a qué?

FELIX.–Al artículo sobre la ICSI. ¿Cómo justificar su envío si el resultado es algo genéticamente... *(pausa nerviosa)...* anormal... por decir algo?

MELANIE.–¡Felix! ¡Estamos hablando de una vida potencial... no de la publicación de un artículo científico! Además, no lo enviaremos hasta que haya nacido el bebé.

FELIX.–*(Mueve la cabeza.)* ¿Y ese hombre dio su consentimiento a todo eso?

MELANIE.–Sé que, en el fondo, le gustaría ser padre.

FELIX.–¿Qué tan en el fondo?

MELANIE.–(*Enojada y en voz alta.*) ¡Ya basta! Éste no es el momento para tales preguntas.

FELIX.–Es una cuestión legal.

MELANIE.–(*Pierde los estribos completamente.*) ¡Cállate! (*Pausa.*) Lo que estoy haciendo es ciencia... ciencia importante... y tú te estás poniendo legalista. (*Mira sus manos temblorosas.*) Y ahora ¿cómo se supone que haga la segunda ICSI?

FELIX.–Te repito: ¿obtuviste su consentimiento?

MELANIE.–(*Se arranca los guantes.*) ¡Voy a descansar un rato! (*Sale, dando un portazo.*)

Por unos segundos, Felix mira al infinito con el ceño fruncido, luego se vuelve y enciende la video y de nuevo aparecen los espermatozoides "inanimados" del principio de la escena. Súbitamente toma una decisión. Corre hacia la mesa del laboratorio, y revuelve todo (buscando ostensiblemente un condón). En su desesperación, toma rápidamente un guante de látex nuevo y de prisa abandona el escenario.

FIN DE LA ESCENA 5

INMOBILIZACIÓN DEL ESPERMATOZOIDE ANTES DE LA INYECCIÓN

a) Se ubica un espermatozoide móvil; la cola debe encontrarse perpendicularmente respecto de la pipeta de inyección, y entonces ésta se eleva sobre la parte media.

b) La pipeta desciende hasta quedar en contacto con la cola; cesa el desplazamiento hacia adelante.

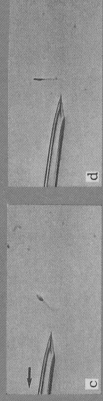

c) La pipeta se arrastra muy rápidamente sobre la cola del espermatozoide en la dirección que indica la flecha.

d) El espermatozoide es aspirado dentro de la pipeta; la cola primero.

e) La cabeza del espermatozoide se ubica cerca de la apertura de la pipeta.

INYECCIÓN INTRACITOPLÁSMICA DE ESPERMATOZOIDE (ICSI)

Pipeta de retención.　　La pipeta de inyección　　En cada micrografía la cabeza del
presiona contra　　espermatozoide está indicada con una flecha.
la zona pelúcida.

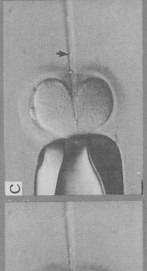
a

b

c

d

e

f

ESCENA 6

Cinco minutos después.

Felix, en bata quirúrgica, se inclina sobre el microscopio; se ve una nueva imagen de video con espermatozoides nadando muy activamente —en notable contraste con los espermatozoides "inactivos" .de la escena anterior— *en la pantalla que está detrás de él.*

(Otra opción es que Felix, en bata quirúrgica, entre de prisa en el laboratorio, llevando en la mano un guante de látex extendido [utilizado en lugar de un condón]. Con una mano, intenta sacar de su empaque una jeringa nueva; por último, sostiene el guante entre sus dientes mientras rompe la envoltura plástica de la jeringa. Rápidamente aspira el semen que está en el guante, deposita una muestra en el portaobjetos y lo coloca bajo el microscopio. Enciende la videograbadora. En el monitor aparece una nueva imagen de espermatozoides que nadan muy activamente —en marcado contraste con los espermatozoides "inactivos" de la escena anterior—. *Se pone guantes nuevos y tapabocas.*

FELIX.–*(Levanta la vista; satisfecho, ve la imagen durante varios segundos, luego murmura en voz alta para sí mismo.)* ¡Así está mejor! *(Representa con gestos la manipulación con el microscopio mientras la imagen de la captura del espermatozoide y la subsiguiente inyección en el óvulo aparece de nuevo en la pantalla. En los momentos apropiados habla consigo mismo, en un soliloquio:)* Aquí estás, Melanie. Ahora veamos qué podemos hacer contigo. *(Pausa corta.)* Tranquila, Melanie. Seré muy cuidadoso… no te va a doler. *(Pausa corta.)* *(Melanie entra súbitamente.)* Ahora… fructifica y multiplícate.

MELANIE.–*(Mira en la pantalla la imagen de un espermatozoide que está siendo inyectado en el óvulo.)* ¡Felix! ¿Qué demonios estás haciendo?

FELIX.–*(Turbado, pega un brinco, y en el proceso derriba el taburete donde estaba sentado. Se arranca el tapabocas y rápidamente toma el guante que usó como sustituto de condón. Hace un intento para tirarlo en la papelera, pero falla. Se coloca frente al microscopio para ocultarlo de Melanie.)* Pensé que podría ICSIzar el siguiente óvulo. Me di cuenta de que estabas molesta y temblorosa...

MELANIE.–Felix, acordamos que yo haría el procedimiento con los dos primeros óvulos, y si salía bien, tú harías los dos siguientes. *(Se agacha para recoger el guante del suelo, pero no lo arroja a la papelera.)* ¡Y quería observar cómo hacías la manipulación!

FELIX.–¿Para asegurarte de que la haría tan bien como tú? Sabes que no tuve problemas al practicar con los óvulos de hámsters. *(Cambia a un tono conciliador.)* Melanie... en verdad lamento mucho haber perdido los estribos hace rato. *(Pausa.)* Pero supongo que algunos problemas se resuelven por sí solos. *(Pausa.)* ¿Por qué no decidimos ahora mismo cuántos embriones te reintroduciremos cuando hayamos inyectado los óvulos restantes?

MELANIE.–*(Juega con el guante usado entre sus manos.)* En principio, lo haremos con dos. Y congelaremos los demás.

FELIX.–Como quieras. Sólo seleccionaré los dos más bonitos. *(Le quita el guante y esta vez logra que caiga dentro de la papelera.)*

MELANIE.–¡No! Yo quiero hacer la selección.

FELIX.–Pero si soy un experto en seleccionar embriones. No por nada soy un campeón en la práctica de fertilización *in vitro*.

MELANIE.–Y por eso te tengo aquí para que hagas la inserción. Pero yo también sé cómo seleccionar embriones, y quiero hacerlo ahora.

FELIX.–No lo entiendo.

MELANIE.–Ésta es la primera vez en la historia en que una mujer inserta un espermatozoide directamente en sus propios *óvulos*. ¿Por qué permitir que un hombre... incluso un hombre como tú... haga la selección y no ella? Podrías seleccionar los dos que *tú* inyectaste. ¿No lo entiendes?

FELIX.–*(Fingiendo.)* Pero ¿por qué habría de importarte de quién haya sido la mano que manipuló la pipeta de inyección? El óvulo que se te reimplantará sigue siendo el tuyo.

MELANIE.–No se trata de eso. Lo que hice fue el equivalente de tener sexo y fecundarme yo solita.

FELIX.–*(Asombrado.)* ¿Y eso te parece atractivo? A algunos les parecería grotesco.

MELANIE.–No dije que fuera atractivo. Es sólo... algo profundamente emotivo. Un hombre jamás lo entendería.

FELIX.–Mira, puedo entender que quieras ser famosa como la científica de la ICSI... Sin embargo, tu prisa por ser madre nubla tu juicio científico, y aquí es donde yo entro en escena... tu socio en la ICSI... para contemplar la situación con cierta frialdad. En la selección de los mejores embriones para reintroducción no debe influir ningún factor emocional... Después de que la pipeta de inyección se retire del óvulo y la fertilización haya empezado... después de que haya concluido el procedimiento de la ICSI... tu papel, como científica, ha terminado.

MELANIE.–¡Ah, sí! ¿Y quién escribirá el artículo?

FELIX.–Ambos lo haremos. Además, tú, como científica de laboratorio, debes aceptar que tan pronto como el embrión abandone el laboratorio y entre en tu vagina, yo, el médico, seré quien esté a cargo. Tu doctorado sale sobrando... ahora eres una madre en potencia. La selección del embrión es el momento en que debe empezar la transición de papeles, de ti hacia mí. ¿No confías en mí? ¡Vamos, Melanie! Soy tu socio... por tu propia y libre elección.

MELANIE.–Confío en ti.

FELIX.–En tal caso, yo seleccionaré los dos embriones que considere mejores antes de reintroducírtelos... con mucho cuidado. *(Le da palmaditas en la mano o hace otro gesto tranquilizador.)*

MELANIE.–¿Manos libres en la selección total? No... no puedo. No es cuestión de confianza... es cuestión de... *(pausa)*... ¿cómo llamarla? De propiedad afectiva. *(Pausa.)* Pero dividiré la diferencia contigo. Seleccionaré el primer embrión. ¡Y puedes apostar que provendrá de uno de los óvulos que yo inyecté! Y entonces, permitiré que *tú* selecciones el segundo.

FELIX.–*(Reticente.)* ¿Un embrión cada uno?

MELANIE.–*(Firme.)* De mi parte, una concesión monumental: ¡un embrión cada uno!

FELIX.–De acuerdo. *(Se dan la mano.)*

MELANIE.–*(Se acerca al microscopio.)* ¡Fantástico! Ahora que llegamos a este acuerdo, terminemos de ICSIzar los óvulos restantes.

FELIX.–*(Se adelanta rápidamente y le gana el turno ante el microscopio.)* Ya que aún me quedan algunos espermatozoides, ¿puedo seguir con el siguiente? Luego, tú sigues con el cuarto. *(Empieza a ponerse los guantes de látex.)*

MELANIE.–Buena idea.

FELIX.–*(Se inclina sobre el microscopio.)* Pero primero déjame pescar un buen espermatozoide. Después puedes encender la video y verme hacer el resto.

MELANIE.–¿Pánico escénico? ¡Tonterías! Quiero ver que lo pesques.

FELIX.–*(Tramposamente continúa la conversación mientras en realidad comienza el trabajo.)* Es una obsesión masculina. Ya es bastante brutal tener que atrapar la cola del espermatozoide bajo la lente del microscopio como para todavía ver la imagen ampliada y filmada. Una mujer no lo entendería.

MELANIE.–*(Ríe.)* ¡Mi pobre Felix, tan aprensivo! Te comportaste igual cuando pesqué el primero. Pensabas que estaba "jugando" con *él. (De buen humor.)* Está bien... te complaceré. Pero en el momento en que pesques ese espermatozoide en tu aguja capilar, quiero ver la imagen en el monitor.

FELIX.–*(Aliviado, mientras se concentra en su trabajo en el microscopio.)* Trato hecho. Tan pronto como haya pescado al pequeño individuo en la aguja capilar, podrás verlo todo. *(Pausa mientras manipula las palancas del microscopio.)* ¡Aquí está ella! Ahora puedes encender la videograbadora. *(En la pantalla aparece una breve vista del óvulo del video anterior.)*

MELANIE.–*(Embelezada.)* ¡Otra belleza! *(Pausa larga hasta que la imagen muestra a Felix completando la inyección del espermatozoide.)* ¡Lo lograste!

FELIX.–Lo *logramos.*

FIN DE LA ESCENA 6

FIN DEL PRIMER ACTO

SEGUNDO ACTO

INTERLUDIO DE E-MAIL

Después de la escena 6, al inicio del Segundo Acto

De: <mdvir@alpha.netvision.net.il>
Para: <mlaid@worldnet.att.com>
Asunto: Una vez más
Fecha: Martes 28 de agosto de 2001 09:42:04

Melanie, soy ingeniero, pero he empezado a odiar todas las formas electrónicas de comunicación. No tengo idea si recibiste alguno de mis últimos e-mails. No he tenido respuesta, ni siquiera mensajes rechazados. Y cuando intenté llamarte por teléfono, me encontré con tu contestadora. Escuchar tu voz —tu propia voz— apenas me tranquilizó. Ni siquiera sé cuándo grabaste ese mensaje impersonal. Ninguna clase de música o de mensaje *kitsch*, sólo "Soy Melanie Laidlaw. Te llamaré tan pronto pueda."
   ¿Recibiste la carta que te envié por correo regular? Había pensado que te gustarían las noticias.
   En un par de días viajaré por motivos de trabajo a Estados Unidos. Tan pronto como llegue, iré a tu laboratorio. (¿Te das cuenta de que ni siquiera tengo la dirección de tu casa?)
   Hasta entonces,
   M.

De: <mlaid@worldnet.att.com>
Para: <f.frank@compuserve.att.com>
Asunto: Un favor
Fecha: Martes 28 de agosto de 2001 21:34:19

Felix, mi querido comadrón:

Físicamente, me siento de maravilla, aunque tan enorme que no me importaría que se adelantara el parto. Pero repentinamente ha sucedido algo más para lo cual necesito tu ayuda. No como colaborador clínico, sino como amigo, lo cual quiere decir que es muy urgente y que no puedo hablarlo con nadie más.

Llámame en cuanto estés de vuelta en la ciudad.

Melanie

ESCENA 7

Septiembre de 2001, laboratorio de la doctora Melanie Laidlaw; mismo decorado que en la escena 6, sólo que también se ve una tetera y tazas.

Melanie, con siete meses de embarazo, tomando el té, se sienta a la mesa. Felix entra, llevando en sus manos una bolsa de plástico transparente con galletitas chinas de la fortuna.

FELIX.–*(Exaltado.)* Muy buena tarde, doctora Laidlaw. Su comadrón leyó su e-mail y está aquí para responder. *(Le da un beso en la mejilla y agita en el aire la bolsa con las galletitas de la fortuna.)* Lo que toda mujer encinta necesita en su séptimo mes: galletitas chinas de la fortuna.

MELANIE.–¿Es el regalo de un amigo, o la receta del médico?

FELIX.–Es la receta del doctor. Vamos… prueba una. *(La mira mientras Melanie abre una, lee el mensaje, lo deja sobre la mesa y empieza a abrir una segunda galletita.)* Debes comértela antes de abrir otra. ¿Qué fue lo que no te gustó de ésta? ¿El texto o el sabor?

MELANIE.–Ninguno de los dos. *(Le pasa la tirita de papel.)*

FELIX.–*(Empieza a leer la tirita y se ríe.)* ¡Madre mía! "Tus problemas son demasiado complicados para las galletitas de la fortuna." Abramos otra. *(Abre otra rápidamente, la examina, y pasa el mensaje a Melanie.)*

MELANIE.–"Las galletitas de la fortuna son para los tontos que se las creen." *(Ríe.)* ¿Qué sucedió con lo de "Confucio dice"? ¿Me estás tomando el pelo?

FELIX.–Me lo merezco por haberlas comprado en una *delicatessen* judía. Nunca más lo haré.

MELANIE.–Pero, ¿para qué las galletitas de la fortuna? Heme aquí, con el vientre tan grande como un globo aerostático, con siete meses de embarazo... todo como se planeó. Deberíamos celebrar... pero no con estas cosas. Laidlaw y Frankenthaler... a dos meses de la cumbre ICSI. Y sin complicaciones.

FELIX.–Hasta ahora.

MELANIE.–Todo bien de momento. No somos profetas... somos científicos.

FELIX.–Ya hemos subido tres cuartas partes de la cuesta... o nos falta sólo un cuarto por andar. De hoy en adelante... alcanzar la cima no implica mucha ciencia. Ahora todo lo que necesitas es un buen médico... como yo... y un poco de suerte.

MELANIE.–Bueno, menos mal. Eso explica lo de las galletitas de la fortuna.

FELIX.–Por cierto, acordamos no revelar la identidad de la donadora de óvulos en el artículo sobre la ICSI.

MELANIE.–Basta con que tú y yo sepamos quién es.

FELIX.–Sí, pero...

MELANIE.–Pero, ¿qué?

FELIX.–Pero como coautor, debo insistir en la cuestión del padre potencial. Considerando su gran déficit de espermatozoides... que pude ver en el monitor..., supongo que ha de sentirse como un chico con zapatos nuevos. Y ahora ¡está a punto de convertirse en el primer padre ICSI de la historia! ¿Qué te dijo cuando se lo contaste?

MELANIE.–Él no sabe nada. No lo he visto en meses. No vive aquí. Vive en Israel.

FELIX.–Pero...

MELANIE.–Es casado.

FELIX.–Eso, al menos, lo sospechaba... de lo contrario seguramente me habrías hablado de él. Sin embargo, ¿no me dijiste que te había dado su consentimiento?

MELANIE.–Lo que te dije es que antes le hubiera gustado ser padre. ¿Quieres un consentimiento por un miserable espermatozoide?

FELIX.–¡Vaya que sí! Tengo el derecho de preguntar, por lo menos por mi intervención como cómplice en un delito potencial.

MELANIE.–*(Exasperada.)* ¿¡Delito!?

FELIX.–*(Irritado.)* ¿Cómo obtuviste una muestra de su esperma sin que se diera cuenta?

MELANIE.–¿Cuál es la diferencia?

FELIX.–Vamos, Melanie. ¿Cómo lo conseguiste?

MELANIE.–En una ocasión... conservé el condón.

FELIX.–*(Abiertamente sarcástico.)* ¿Y luego lo llevaste al laboratorio? ¿O tuviste relaciones en el laboratorio?

MELANIE.–No seas ridículo. *(Implorando.)* Felix ¿por qué tenemos que hablar de todo esto?

FELIX.–Si no por cortesía, ¿qué te parece por curiosidad profesional?

MELANIE.–*(Resignada, aunque impaciente.)* Está bien. Dentro de mi neceser llevaba un pequeño frasco de Dewar, donde coloqué el condón.

FELIX.–¡Robaste su semilla!

MELANIE.–¡Felix! ¡Qué bíblico! ¿Cómo podría robar algo que hasta el mismo dueño considera sin ningún valor? *(Despectiva.)* Un condón usado, ¡por el amor de Dios! Eran sólo desechos. Tomar la basura o los desechos de otra persona no es un robo.

FELIX.–Desechos y basura no son lo mismo. Desechos son las cosas que dejas por ahí. Sólo se convierten en basura cuando las tiras. En su cuerpo, el semen de un hombre es en gran parte desechos, no basura. Tú, entre todas las personas, una bióloga especializada en la reproducción, deberías saberlo.

MELANIE.–¡Deja de hacerte el ingenioso! Si inyectáramos un espermatozoide infértil en mi óvulo, bajo la lente del microscopio, y luego lo pusiéramos en una caja de Petri hasta la confirmación celular, ¿dirías que ya estoy embarazada o que la vida ya comenzó? El óvulo tiene que ser reintroducido dentro de *mí*, dentro de *mi* cuerpo... y debe implantarse en *mi* útero. Sólo entonces podremos discutir la cuestión acerca de la vida. *(Pausa.)* Fertilización y embarazo no son sinónimos.

FELIX.–*(Burlón.)* ¡No me digas! Todo el debate sobre la moralidad del aborto gira en torno a ese tema... por no hablar de las células madre.

MELANIE.–En este momento, para mí, es un asunto de vida... no de aborto. Hablo de una mujer encinta en su séptimo mes, quien, no lo olvidemos, inventó la ICSI. Es mi método.

FELIX.–Nuestro método.

MELANIE.–¡Lamento discrepar! La ICSI, como procedimiento, fue desarrollada por mí en experimentos con animales. ¡Y sabes muy bien cuántos años pasaron para que incluso yo hiciera que la ICSI funcionara en hámsters! Convertir este invento en realidad humana, al producir un bebé, ése es nuestro proyecto conjunto.

FELIX.–Está bien, está bien...

MELANIE.–Así que es *mi* método el que transformó esa basura… lo siento, debí haber dicho desecho… en algo útil. Eso no es robo.

FELIX.–Hay otras formas de convertirse en madre. La adopción, por ejemplo. Habría sido mejor en todos los sentidos… y la ICSI se habría mantenido como ciencia, limpia y sin contaminar.

MELANIE.–No soy de las que adoptan… Soy posesiva. Quería mi propio hijo biológico. *(Pausa.)* Entonces conocí a un hombre, quien cayó del cielo como un ángel… en quien pude ver al padre biológico de mi hijo…

FELIX.–¿Por qué no más que eso?

MELANIE.–Porque estaba casado. *(Pausa.)* Porque él mismo se consideraba infértil… y así lo consideró su esposa. *(Pausa.)* Entonces, ¿qué esperabas que hiciera?

FELIX.–Se sabe que la gente deja un matrimonio por otro.

MELANIE.–Lo sé. Eso es justamente lo que me acaba de escribir: se está divorciando.

FELIX.–¿Qué más te dijo? ¿O sólo se refirió al clima en la Media Luna de la Tierra Fértil?

MELANIE.–Felix, no te hagas el sabelotodo. No te queda. *(Pausa.)* Dijo que tenía asuntos de trabajo que atender en Estados Unidos y que va a venir.

FELIX.–¿A verte?

MELANIE.–Supongo que sí.

FELIX.–¿Supones? Pero ¿no se habían puesto en contacto desde la última vez que se vieron?

MELANIE.–*(Culposa.)* No. Sé que eso le molestaba, pero ¿qué podía yo hacer? ¿Cómo hubiera podido mantener una correspondencia con un ex *(pausa)...* amante sin mencionar mi preñez?

FELIX.–Y, ahora que se está divorciando, ¿qué le dirás?

MELANIE.–Nada.

FELIX.–¡Pero es absurdo!

MELANIE.–Quiero mi propio bebé... ¿y crees que eso es absurdo?

FELIX.–¿Se lo ocultas porque quieres que el bebé sea todo tuyo?

MELANIE.–*(Furiosa.)* ¡No tengo otra opción! ¿Mi bebé, mi único bebé biológico... tendrá que estar viajando entre Israel y Estados Unidos? ¿O me mudo a Israel?

FELIX.–Tal vez el padre podría mudarse a Estados Unidos.

MELANIE.–¿Y si no lo hace?

FELIX.–¿Te habrías embarazado tú sola sin él? Permíteme decirlo de otra manera, porque esto es importante para mí. *(Habla lentamente, con énfasis.)* ¿Sólo quieres un hijo, o quieres un hijo *suyo?*

MELANIE.–Un hijo suyo, por supuesto. De lo contrario, ¿por qué habría elegido su muestra de esperma? Admito que inconscientemente pude haber estado buscando espermatozoides. Pero eso lo hacen todas las hembras... no sólo las humanas. Con la ICSI sólo necesité un espermatozoide... pero tenía que saber su procedencia en el sentido más profundo. *(Súbitamente parece sobresaltada.)* ¡Dios mío! ¡Heme aquí... a punto de lograr la creación de una nueva vida sin intercambio sexual y aun así tuve que adquirir ese... único... precioso... espermatozoide mediante el coito! ¡El colmo de la científica romántica! *(Pausa.)* He deseado ser madre más que nada en la vida... incluso más que la fama como científica. *(En tono suplicante.)* Felix, aunque lo desapruebes... por lo menos sé justo.

FELIX.–Hago todo lo que puedo.

MELANIE.–Me prometiste que te comportarías como un comadrón, no como un fiscal.

FELIX.–*(Conciliador.)* Está bien. Entonces, ¿qué quieres que haga?

MELANIE.–No puedo encontrarme con él a solas… sencillamente no puedo. *(Felix se pone de pie, con la taza de té en la mano, y camina de un lado al otro.)* Cuando me vea así *(señala su vientre)* tiene que ser en territorio neutral. *(Irritada.)* Felix, deja de ir de aquí para allá. Siéntate y ayúdame.

FELIX.–*(Toma asiento.)* ¿Qué clase de ayuda es la que quieres?

MELANIE.–En la tarde, cuando venga, no quiero herirlo. *(Mira su reloj.)* Puede llegar en cualquier momento. Sólo intenta hacer alguna referencia a mi embarazo de manera sutil.

FELIX.–No tardará mucho en darse cuenta. *(Señala el vientre de Melanie.)*

MELANIE.–*(Suplicante.)* ¡Por favor! Eso facilitaría las cosas. Obviamente, supondrá que hay otro hombre en mi vida.

FELIX.–Pero, ¿por qué yo? ¿Porque soy el único que está al tanto? ¿No se lo has confiado a nadie más? ¿Qué tal a otras mujeres?

MELANIE.–¿Mujeres? Estoy rodeada de gente… pero son científicos… y en este lugar, casi todos son hombres. Hablamos de ciertos temas… de nuestros problemas… de casos… y no me malinterpretes… lo hago porque me gusta. Pero no hablamos de nosotros mismos. Así que ¿me ayudarás… tú, mi comadrón?

FELIX.–*(Conmovido.)* Lo intentaré. *(Se oye un golpe seco en la puerta. Melanie parece sobresaltada. Se paraliza.)*

FELIX.–*(Susurra.)* ¿Y bien? *(Melanie se dirige lentamente a la puerta cuando suena un segundo llamado y la puerta se abre. Mena-*

chem, con un ramo de rosas en la mano, y Melanie casi se tropiezan entre sí; ambos se sorprenden.)

MENACHEM.–*(Quien todavía no ha visto a Felix, habla en voz alta y lleno de alegría.)* ¡Melanie! *(Está a punto de besarla cuando se da cuenta de su preñez.)* ¡Oh!

MELANIE.–*(Rápidamente.)* Menachem, te presento a mi amigo, Felix Frankenthaler. *(Felix se aproxima a Menachem.)* Él es Menachem Dvir, un conocido de Israel. *(Felix extiende la mano y Menachem, en su confusión, le da el ramo. Una espina se clava en el dedo de Felix.)*

FELIX.–¡Ay! *(Deja caer el ramo, que recoge Menachem y lo coloca sobre la mesa del laboratorio.)*

MELANIE.–Menachem, trae un taburete y acompáñanos.

MENACHEM.–*(Sin apartar la mirada de Melanie, elige uno de los taburetes y se sienta.)* Te ves...

MELANIE.–...muy embarazada. *(Pausa.)* Toma, un poco de té... y una galletita de la fortuna.

MENACHEM.–Tu cara se ve tan distinta...

MELANIE.–¿Quieres decir que también se infló... como mi panza?

MENACHEM.–No, no... te ves *(pausa)*... creo que te ves tensa... pero también gratificada.

FELIX.–*(Trata de ayudar a Melanie.)* ¿En Israel hay galletitas de la fortuna?

MENACHEM.–¿Cómo dice?

FELIX.–Galletitas de la fortuna... Tiene que abrirlas... Traen mensajes en el interior.

MENACHEM.–*(Airoso.)* Claro que las conozco. Son como los horóscopos. *(Se dirige a Melanie.)* ¿Qué más has hecho desde...?

MELANIE.–Ya hace ocho meses. Supongo que a ambos nos han sucedido muchas cosas.

FELIX.–*(Dirigiéndose a Menachem.)* No le hará daño si prueba una. Tome, le doy una abierta. *(Rompe una galletita y le da el mensaje a Menachem.)*

MENACHEM.–¿Ustedes creen en estas cosas?

MELANIE.–Yo no las compré... no creo en los "mensajes".

MENACHEM.–Pienso igual. Tampoco yo. *(Toma la tirita de papel, la hace bolita y la arroja, sin leerla, hacia el cesto de basura que está a pocos metros de distancia, pero falla.)*

FELIX.–*(La recoge y la deposita en la papelera.)* Necesita más práctica.

MENACHEM.–¿Qué? *(De nuevo se vuelve a Melanie y la examina durante varios segundos.)* Has cambiado mucho. Tal vez debería decir que estás "floreciendo".

FELIX.–En clínica la llamamos encinta. *(Suena su teléfono portátil, y todos se sobresaltan.)*

MENACHEM.–¿Encinta?

FELIX.–Supongo que "floreciendo" suena más atractivo. *(Abre su teléfono portátil.)* ¿Bueno? Un momento. *(Se vuelve a Melanie y a Menachem.)* Discúlpenme, tomaré la llamada allá afuera. *(Sale.)*

MENACHEM.–¡Lo lamento... lo lamento! Es decir, no lamento que estés embarazada. Lamento no haberlo sabido. ¿Cuándo...?

MELANIE.–En dos meses.

MENACHEM.–No debí haber irrumpido…

MELANIE.–*(Aliviada, ahora toma la iniciativa.)* No irrumpiste. Me alegra tanto verte de nuevo. Tú, al menos, no has cambiado. No como yo. *(Se da palmaditas en el vientre.)* Y ¿qué te hizo venir a Estados Unidos? ¿Cuánto tiempo te…?

MENACHEM.–*(No ha estado escuchando.)* ¿Es él? *(Hace un gesto hacia la puerta por donde salió Felix.)*

MELANIE.–¿Qué?

MENACHEM.–¿Él es el padre?

MELANIE.–¿Felix? *(Ríe.)*

FELIX.–*(Vuelve a entrar sin llamar a la puerta.)* Lo siento, tenía que tomar esa llamada. *(Tanto Melanie como Menachem permanecen callados.)* ¿Quieren que los deje a solas? Imagino que tendrán mucho de qué hablar… ponerse al día…

MENACHEM.–*(Rápidamente.)* No, no… sólo quería ver cómo estaba Melanie. *(De nuevo la inspecciona.)* Te ves fantástica… *(trata de ser gracioso, pero no lo consigue)*… encinta…. y feliz. No quiero molestarlos. *(Mira su reloj.)* Es hora de irme.

FELIX.–¿Por qué no se queda un rato más? Apenas tuvimos la oportunidad de hablar. *(Se vuelve hacia Melanie.)* Esa llamada telefónica… *(señala el bolsillo donde guarda su teléfono portátil)* era de un candidato interesante para la ICSI. La pareja está esperando en el consultorio. ¿Por qué no vas a hablar con ellos? Te alcanzaré después de que conversemos un poco.

MELANIE.–*(Reticente.)* Felix…

FELIX.–No te preocupes. Yo me ocupo de tu amigo. *(Rápidamente camina hacia ella y la besa en la mejilla. La conduce hasta la puerta. Vuelve con Menachem.)* Los amigos de Melanie siempre me interesan. *(Lo examina antes de continuar.)* Me di cuenta de su sorpresa cuando vio a Melanie embarazada. Creía que ya sabía.

MENACHEM.–Sorprenderme fue poco.

FELIX.–Melanie... es una mujer muy interesante.

MENACHEM.–Yo diría, muy complicada.

FELIX.–¿Eso es todo? ¿Nada más... complicada?

MENACHEM.–Para mí, lo complicado cubre mucho terreno.

FELIX.–*(Incapaz de reprimir su curiosidad.)* ¿Dónde se conocieron?

MENACHEM.–*(Lacónico.)* En un congreso científico. Melanie y yo sólo nos vimos unas cuantas veces. Y fue... ¿cómo decirlo...?

FELIX.–¿Desgarrador?

MENACHEM.–Yo habría elegido otra palabra, pero "desgarrador" también serviría. Precisamente cuando creí que ya la entendía... cuando creí que sabía qué la motivaba... ella... ¿cómo decirlo?... ella desapareció.

FELIX.–¡Tiene razón! Lo hace algunas veces... nada más, se va. Como cuando cae el telón.

MENACHEM.–No... "irse" no es exactamente lo mismo. "Desaparecer" es más preciso.... se queda uno con menos probabilidades de recuperarla.

FELIX.–Yo creía que eran buenos amigos.

MENACHEM.–¿Buenos? No lo sé. Tiene que preguntárselo a ella. Para mí, los buenos amigos confían entre sí. Pero, ¿acaso usted no es amigo de Melanie? De hecho *(ríe incómodamente)*, pensé que eran más que eso. *(Pausa.)* Pensé que usted era el padre.

Felix.–*(Curioso y halagado. Se anima a tutearlo.)* Y... ¿por qué pensaste eso?

Menachem.–*(Lo examina cuidadosamente.)* Parecían muy a gusto juntos... como si tuvieran algo en común.

Felix.–*(Ansioso.)* Somos socios... en materia de reproducción. Se podría decir que somos los padres de un procedimiento que producirá un bebé en un par de meses. A propósito, ¿sabes en qué está trabajando Melanie... conmigo?

Menachem.–Nunca hablamos de su investigación.

Felix.–En verdad, es muy interesante. Melanie encontró una forma de tomar un solo espermatozoide e inyectarlo justamente dentro de un óvulo. El procedimiento se llama icsi. Que quiere decir *(pronuncia lentamente)* inyección... intracitoplásmica... de espermatozoide.

Menachem.–Ésas son palabras mayores.

Felix.–Para algo tan menudito: un pequeño espermatozoide.

Menachem.–*(Intrigado.)* Pero, ¿eso no corresponde únicamente al ámbito del laboratorio? O ¿la icsi de Melanie funciona en el mundo real?

Felix.–Claro... por lo menos hasta ahora. Resultó en la fertilización.... bajo la lente del microscopio. Y fui yo quien transfirió el embrión resultante... de hecho dos embriones... dentro del útero de la mujer. Afortunadamente, uno de ellos se implantó... desde el primer intento. Por supuesto, técnicamente, el primer bebé icsi es todavía un feto, pero Melanie ya está pensando en futuras aplicaciones... por ejemplo, cuando puedan separarse los espermatozoides que portan cromosomas Y y X. Una vez que eso sea posible... y como con la icsi sólo se necesita un espermatozoide... puedes ordenar un niño usando el espermatozoide Y, y una niña con el espermatozoide X. ¿Qué piensas de esto?

MENACHEM.–¿Ordenar un niño o una niña? ¿Eso es lo que Melanie ambiciona?

FELIX.–*(Se retracta.)* Tal vez debí utilizar la palabra "seleccionar" en vez de "ordenar". En cualquier caso, sólo estaba describiendo el lado práctico de la moneda... no el ético.

MENACHEM.–Los dos lados de una moneda pueden ser distintos, pero nunca deben separarse. *(Pausa.)* Pero todo esto suena tan mecánico... inyectar un espermatozoide... seleccionar el sexo del bebé... ¿Qué más se les va a ocurrir?

FELIX.–Me sorprende escuchar que tú..., un ingeniero, digas eso. *(Cada vez se pone más insistente.)* ¿Por qué idealizar el acto de la concepción? ¿Por qué debemos disfrazarlo como *(despectivo)* "una danza de apareamiento entre espermatozoides y óvulos"? Y ¿por qué irritarse si la ICSI o algún otro procedimiento de fertilización *in vitro* llega a hacer superflua esa danza?

MENACHEM.–Una cosa es que se utilice como tratamiento contra la infertilidad. Pero, ¿acaso no están hablando de un procedimiento que será utilizado por la gente común y corriente?

FELIX.–¿Y por qué no? Si quieres danzar, danza. Si quieres procrear, procrea. ¿Por qué utilizar la procreación como una justificación para la danza o para el coito? A final de cuentas, no estamos discutiendo sobre la diferencia en la entrega de vehículos: pene *versus* pipeta. Y si quieres continuar por ese camino...

MENACHEM.–Prefiero no hacerlo.

FELIX.–Claro, algunas personas piensan que hay aspectos de la vida humana que deberían estar prohibidos para la ciencia.

MENACHEM.–Es mejor que me incluyas entre esa gente. *(Pausa.)* Ustedes hablaban de un bebé. ¿Por qué, entonces, transfirieron dos embriones?

FELIX.–Lo hacemos en la mayoría de los procedimientos de fertilización *in vitro* por razones de seguridad... para asegurarnos de que al menos uno lo logre. *(Escudriña a Menachem.)* Por cierto... ¿tú tienes hijos?

MENACHEM.–*(Un poco reticente al tuteo.)* ¿Por qué lo preguntas?

FELIX.–Es una terrible costumbre... Soy el director de esta clínica de fertilidad.

MENACHEM.–¿Quién no desea tener hijos... especialmente en Israel? Pero hace muchos años tuve un accidente con radiación... que me causó una oligospermia grave. *(Risa amarga.)* Lo cual puso fin a todo lo relacionado con los hijos.

FELIX.–No deberías ser tan categórico al respecto. El efecto de la exposición a la radiación sobre el esperma es muy rápido, pero depende de la dosis de radiación... y del tiempo que haya pasado... que el conteo de espermatozoides pueda recuperarse.

MENACHEM.–Eso mismo me dijeron los médicos hace casi veinte años en Israel. Estaban equivocados.

FELIX.–Con todos los avances de los últimos tiempos en el tratamiento de la infertilidad... y en especial con el trabajo de Melanie...

MENACHEM.–¿Quieres decir que podría funcionar conmigo?

FELIX.–Posiblemente... en especial si tu esposa es fértil.

MENACHEM.–*(Sardónico.)* Ella es totalmente fértil.

FELIX.–¿Cómo puedes estar tan seguro? ¿Cómo lo sabrías?

MENACHEM.–*(Irritado.)* Haces demasiadas preguntas... incluso para un doctor en fertilidad.

FELIX.–Lo siento. No quise ser entrometido.

MENACHEM.–Me estabas hablando de la ICSI de Melanie.

FELIX.–Si el procedimiento de Melanie funciona… cosa que sabremos en dos meses…

MENACHEM.–Dices… ¿que lo sabrán en dos meses?

FELIX.–Es cuando el primer bebé ICSI llegará a término. La ICSI está hecha a la medida para hombres con bajo conteo de espermatozoides… como tú. *(Pausa.)* Claro que el daño de las radiaciones puede causar otras complicaciones.

MENACHEM.–Eso ya lo sé. Soy ingeniero nuclear.

FELIX.–En ese caso supongo que, aun cuando la ICSI probara su eficacia en un caso como el tuyo, no lo intentarías.

MENACHEM.–¿Por qué dices eso? Correría el riesgo…

FELIX.–¿Lo harías?

MENACHEM.–Parece que te sorprende.

FELIX.–Soy un hombre muy cauteloso cuando se trata de riesgos genéticos. Yo me opondría categóricamente. Como siempre, nada es gratis.

MENACHEM.–¿Como siempre? *(Sonríe entre dientes.)* En ocasiones, suele suceder.

FELIX.–Vamos. El sentido común te dirá que no.

MENACHEM.–El sentido común, sí. Pero los físicos cuánticos te hablarán de la fuerza de Casimir, la presión que ejerce el espacio vacío. Eso es en verdad algo gratuito.

FELIX.–Me perdí. ¿Qué tiene eso que ver con la ICSI?

MENACHEM.–Nada. Decías que nada es gratis. Si vas a ser tan pre-

ciso sobre tu ciencia, también tienes que serlo en tus estereo-
tipos.

Felix.–Me lo merezco. Pero con Casimir... o sin Casimir... con
espermatozoides como los tuyos...

Menachem.–¿Mis espermatozoides? ¿Dónde podrías haberlos
visto?

Felix.–Dije, espermatozoides *como* los tuyos. Sé cómo se ven los
espermatozoides después de una exposición a radiaciones.

Menachem.–¿Y a Melanie... qué tanto le preocupan esos riesgos?
Después de todo, la icsi es su bebé.

Felix.–A veces, las mujeres son más valientes que los hombres.

FIN DE LA ESCENA 7

ESCENA 8

Unos minutos más tarde en el laboratorio de la doctora Melanie Laidlaw, mismo decorado de la escena 7.

MELANIE.–¡Menachem!

MENACHEM.–Tenemos algunos asuntos por tratar.

MELANIE.–¿Dime?

MENACHEM.–*(Apunta hacia ella.)* ¿Cómo te embarazaste?

MELANIE.–*(Confundida.)* ¿Cómo? Mediante el proceso normal... un espermatozoide penetró en mi óvulo...

MENACHEM.–¿No querrás decir *dos* espermatozoides y *dos* óvulos? A fin de cuentas, ¿no había dos embriones? *(Pausa.)* ¿Es eso la ICSI?

MELANIE.–¿Cómo sabes de la ICSI?

MENACHEM.–No sabía nada hasta hace unos minutos. Tu amigo, el de las galletitas de la fortuna... ¿cómo se llama? Felix Frankenstein...

MELANIE.–Frankenthaler.

MENACHEM.–Como sea. Me explicó lo que se puede hacer con la ICSI. Apenas pude creerlo. *(Pausa.)* Así que, ¿eso es la ICSI?

MELANIE.–Sí.

MENACHEM.–¿Experimentaste en tu propio cuerpo?

MELANIE.–Experimentar con uno mismo... no es algo inédito en medicina.

MENACHEM.–¿De dónde sacaste el espermatozoide? ¿De un banco de esperma?

MELANIE.–Lo intenté... pero no pude hacerlo.

MENACHEM.–Entonces... *¿quién* es el padre?

MELANIE.–¿El padre?

MENACHEM.–*(En voz más alta.)* Sí, ¡el padre!

MELANIE.–*(Paralizada.)* ¿El padre?

MENACHEM.–*(Más fuerte aún.)* Sí, ¡el padre!

MELANIE.–*(Pierde totalmente la compostura.)* ¿El padre?... ¿el padre?... ¡el padre?... *(Toma el ramo de rosas que está sobre la mesa y lo pone en manos de Menachem.)* Tú eres el padre.

MENACHEM.–¿Qué? *(Hace una pausa para asimilar lo que acaba de escuchar. Entonces explota.)* ¿Y me lo dices ahora? *(Arroja el ramo al suelo.)*

MELANIE.–¿Cómo podría habértelo dicho antes?

MENACHEM.–*(Levanta la voz.)* ¡Yo soy el padre y tienes la sangre fría de decir...! *(Habla con falsete para remedar la voz de Melanie.)* "¿Cómo podría habértelo dicho?" *(Casi gritando.)* ¿Cómo es que *no* pudiste decírmelo? Antes... en el instante en... *(Se detiene súbitamente. Se acerca a ella como si fuera a hacerle daño físico, provocando que Melanie se encoja de miedo.)* ¡Espera un momento! ¡Espera! ¿Cómo conseguiste *mi* esperma?

MELANIE.–*(Con reticencia.)* Conservé el condón.

MENACHEM.–*(Sarcástico.)* ¡Ah, claro... el condón! ¡La típica obsesión gringa por el sexo seguro! *(Lleno de curiosidad, baja el tono.)* Pero ¿qué hiciste con él?

MELANIE.–Lo puse en un frasco de Dewar que contenía nitrógeno líquido... después de agregarle un crioprotector.

MENACHEM.–*(Sarcástico.)* Claro, todas las gringas llevan un anticongelante especial cuando viajan. Pero, ¿nitrógeno líquido? ¿Siempre llevas nitrógeno líquido en tu equipaje?

MELANIE.–Menachem, por favor.

MENACHEM.–Entonces, ¿todo estaba planeado?

MELANIE.–No del todo. Cuando tomé el condón no sabía que eras infértil.

MENACHEM.–*(En voz alta.)* ¿Sólo andabas a la caza de espermatozoides... desde el principio?

MELANIE.–¿Cómo puedes denigrar a tal grado nuestra relación?

MENACHEM.–¿Tú me acusas a *mí* de degradarla? ¿Tú, quien me redujo a la última dimensión... a un enclenque espermatozoide... y luego lo mantuviste en secreto?

MELANIE.–¿Cómo puedes decir eso? Obtuve el espermatozoide meses después de que nos conocimos.

MENACHEM.–*(Grita.)* ¿Obtuviste? Maldición... ¡lo robaste! Y ¿para qué? ¿Para un experimento? Y en vez de darme el mayor regalo que nadie haya podido darme... ¿lo ocultaste? *(Con la voz a punto de quebrarse por la emoción.)* ¿Por qué ni siquiera me *preguntaste* si quería ser padre?

MELANIE.–*(Con la voz a punto de quebrarse.)* Supongamos que me hubieras dicho que "no". Sencillamente no quise correr ese riesgo... yo quería un hijo *tuyo*... no del esperma de un hombre anónimo. Así que decidí no preguntar.

MENACHEM.–¡No! ¡Lo que decidiste fue no *decírmelo!*

MELANIE.–Menachem, espera. Por favor espera. ¿Cómo podría habértelo dicho cuando me enfrentaba con la realidad de tu matrimonio... en apariencia sólido?

MENACHEM.–¡Vaya matrimonio!

MELANIE.–Pensé que era territorio prohibido... que a lo más que podías... o querías... llegar era a continuar nuestra relación.

MENACHEM.–Ese matrimonio iba en camino de la disolución... y ahora estoy divorciado.

MELANIE.–Lamento lo de tu divorcio...

MENACHEM.–¿Lamentarlo? ¡Tú... mejor que nadie!

MELANIE.–Es triste que cualquier matrimonio acabe en el divorcio.

MENACHEM.–¿*Cualquier* matrimonio? ¿Qué sabes *tú* de un matrimonio entre un hombre supuestamente infértil y una esposa de cuarenta años que siempre quiso tener un hijo... una esposa que repentinamente, él descubre, se ha embarazado?

MELANIE.–*(Impresionada.)* Pero ¡eso no es posible!

MENACHEM.–*(Ríe con amargura.)* Lo olvidé. Tú inspeccionaste mis espermatozoides bajo el microscopio... Y, por supuesto, tu ICSI todavía no llega a Israel. Sé todo acerca de la Inmaculada Concepción en nuestro país, pero hasta ahora no ha sido tan frecuente. *(Pausa.)* Y entonces, ¿cómo se embarazó?

MELANIE.–*(En voz baja.)* Con espermatozoides de otro hombre.

MENACHEM.–*(Aún más sarcástico.)* Brillante deducción, doctora Laidlaw. Pero *(levanta la voz)*... ¡sin el conocimiento o consentimiento de su esposo! Y ese espermatozoide no fue introducido con una de tus pipetas de inyección, sino con un pene demasiado humano. Pero basta, después de todo, eso no es de tu incumbencia. *(Toma asiento.)* Vine a hablarte de mi divorcio y de muchas cosas más. Pero cuando te vi embarazada... *(risa amarga)* pensé: ¿qué es lo que pasa? ¡De repente todas las mujeres a mi alrededor quedan embarazadas!

MELANIE.–¿Crees que debí haberte dicho entonces que tú eras el padre?

MENACHEM.–¡Sí! ¡Sí! ¡Sí!

MELANIE.–¿Aunque pensara que seguías casado?

MENACHEM.–*(Explosivo.)* ¿Qué tiene eso que ver? El bebé también es mío.

MELANIE.–Si vamos a hablar del bebé, también tenemos que hablar de su padre...

MENACHEM.–*(Sarcástico.)* ¡Ya era hora! Pero, ¿eso qué tiene que ver con mi divorcio?

MELANIE.–*(Implorando.)* Menachem. Escúchame por favor. Cuando me escribiste sobre tu divorcio, pensé que tu esposa había descubierto que tuvimos una aventura...

MENACHEM.–*(Despectivo.)* Esa aventura empezó hace más de un año.

MELANIE.–¿Y qué? Fue una relación adúltera y sabes que me sentí culpable por eso.

MENACHEM.–Te lo dije entonces... y te lo vuelvo a decir: no *tenías* ninguna razón para sentirte culpable. Si hay algún culpable, ése soy yo.

MELANIE.–*(Insistente.)* El adulterio involucra al menos tres personas: dos ejecutores y una víctima.

MENACHEM.–Sólo hubo un ejecutor... yo... y ninguna víctima. Una breve aventura entre dos adultos responsables. Evidentemente demasiado breve como para convertirla en algo más permanente. Nadie más estuvo implicado y nadie más se enteró.

MELANIE.–Racionalización masculina.

MENACHEM.–Casi todos racionalizamos nuestras acciones. Repito, nadie salió dañado, y hasta el día de hoy mi esposa... *(con amargura)* mi *ex* esposa... no sabe nada de ti.

MELANIE.–Eso hay que agradecerlo. Pero lo dijiste como si entre nosotros sólo hubiera existido una breve aventura sexual y nada más. ¿Quién denigra ahora?

MENACHEM.–No dije que fuera "breve". Dije que fue "*demasiado* breve". Hay una gran diferencia. Pero ¿adónde quieres llegar?

MELANIE.–Esa aventura acarreó consecuencias perdurables... Y ahí es donde me convertí en ejecutora, algo que acabo de reconocer ante ti abiertamente. Nunca lo he lamentado... aunque siempre me sentí culpable. Así que ya ves, existen tres personas. La tercera puede no haber sido tu esposa, por lo menos no ante tus ojos, aunque siempre ante los míos, pero también está el bebé.

MENACHEM.–Exactamente. Y eso es...

MELANIE.–¡Todavía no! ¿Por qué no puedes pensar en la relación extramarital de tu esposa de la misma manera en que racionalizas lo que hicimos nosotros dos?

MENACHEM.–*(Explota.)* Porque ella está *embarazada*, por eso.

MELANIE.–¿Ésa es la única razón por la que te divorciaste de tu esposa? ¿Qué pasaría si no se hubiera embarazado? ¿La habrías perdonado por su adulterio?

MENACHEM.–*(Reticente.)* Probablemente no.

MELANIE.–Qué levantino.

MENACHEM.–*¡Levantino!* ¿Crees que sólo los hombres de nuestra parte del mundo respondemos así ante la infidelidad de nuestras mujeres?

MELANIE.–Déjame decirlo de otro modo: qué bíblico. Hace dos mil años, las mujeres adúlteras eran lapidadas, mientras a los hombres se les perdonaba por la misma conducta… Piensa en el Rey Salomón. *(Ambos se miran, en silencio.)* Qué ironía, ¿no lo crees? Las dos relaciones, la nuestra y la de tu esposa, tenían que ver con el deseo de una mujer de tener un hijo antes de que fuera demasiado tarde.

MENACHEM.–De todas maneras deberías habérmelo dicho.

MELANIE.–*(A la defensiva.)* No quise crearte expectativas. No había forma de que supiera si alguno de tus espermatozoides era apto. Además, la ICSI nunca había sido probada en un óvulo humano. No tenía ninguna garantía de que el embrión se implantaría en mi útero. E incluso ahora… siete meses después de aquel acontecimiento… no sé todavía si daré a luz un niño normal…

MENACHEM.–*(Repentino cambio en el tono, mostrando interés.)* ¡No digas eso! No invoques la mala suerte con todos esos "no sé si" y "qué pasaría si".

MELANIE.–*(Rompe en llanto.)* Gracias por hablar así.

MENACHEM.–*(Confundido.)* ¿A qué te refieres?

MELANIE.–Hablas como un verdadero padre.

MENACHEM.–*¡Soy* un verdadero padre!

MELANIE.–Siempre lo supe.

MENACHEM.–*(Calmado.)* ¿Cómo fue? ¿Qué sentiste?

MELANIE.–¿A qué te refieres?

MENACHEM.–Bueno… A menudo las mujeres dicen reconocer el momento en que quedan embarazadas… que la tierra tiembla… que el mundo se mueve… o cosas por el estilo. Pero, de hecho, tú debes de haber *presenciado* el momento. *(Pausa.)* ¿Fue como tener sexo?

MELANIE.–No… no fue como tener sexo. Lo nuestro fue mágico, pero la ICSI… ¿cómo explicarlo?… fue inolvidable.

MENACHEM.–Y ¿tú inyectaste dos óvulos?

MELANIE.–Sí.

MENACHEM.–¿Y uno de ellos está creciendo aquí? *(Toca su vientre con ternura.)*

MELANIE.–Sí… un hijo tuyo.

MENACHEM.–*(Conmovido, acaricia su vientre.)* ¡Oh, Melanie… un hijo! *(Pausa.)* ¿Recuerdas a Salomón y a la Reina de Saba… la versión etíope?

MELANIE.–¿Qué tiene que ver con nosotros?

MENACHEM.–Nunca terminé mi parte de la historia. La Reina volvió a Abisinia, donde dio a luz a un hijo varón. Sólo años después, cuando éste era un adolescente, ella informó a Salomón que él tenía un hijo. Al menos tú no esperaste tanto tiempo. *(Abrazo o algún otro gesto de amor entre los dos.)* Pero dime más… sobre la ICSI.

MELANIE.–Bueno… primero, inyectamos tus espermatozoides en mis óvulos.

MENACHEM.–¿*Inyectamos*?

MELANIE.–Yo inyecté el primero… y Felix los dos siguientes. Entonces seguí con el resto. Y luego cada uno de nosotros seleccionó un embrión y él los transfirió de nuevo en mí. Uno se implantó... y ahora está creciendo.

MENACHEM.–¿Qué? ¿Por qué *él* seleccionó uno? *(Pausa.)* Y ¿por qué le permitiste inyectar tus óvulos?

MELANIE.–Es mi socio.

MENACHEM.–De acuerdo. Pero ¿hizo tan bien el segundo proceso como tú hiciste el primero?

MELANIE.–Eso espero. *(Se da palmaditas en el vientre.)*

MENACHEM.–¿*Esperas*? ¿No viste cuando lo hizo?

MELANIE.–No cuando inyectó el segundo. Yo estaba fuera del laboratorio.

MENACHEM.–Entonces, ¿a quién pertenece el espermatozoide que utilizó?

MELANIE.–A ti, por supuesto.

MENACHEM.–Y ¿confías en él?

MELANIE.–No tengo ninguna razón para *no* confiar en él.

MENACHEM.–¿Ninguna en absoluto?

MELANIE.–Hay muy pocas cosas en la vida que son absolutas.

MENACHEM.–En ese caso, pregunta a Franken... thaler a quién pertenece el espermatozoide que utilizó.

MELANIE.–*(Ríe.)* No puedo preguntárselo. Sólo estuve ausente durante unos cuantos minutos. Es una tontería. ¿De dónde lo habría obtenido... y, además, en domingo?

MENACHEM.–*(Obstinado.)* No lo sé... *(Pausa.)* Tal vez *sea* una tontería. Digamos que es la paranoia de un hombre infértil. Aun así... ¿por qué no le preguntas? *(Pausa.)* Hazme ese favor... tómalo como un regalo adelantado del Día del Padre.

FIN DE LA ESCENA 8

ESCENA 9

Una semana después, laboratorio de la doctora Melanie Laidlaw, mismo decorado que el de la escena 8.

Felix entra, llevando consigo un pastel con una sola velita apagada.

Esta escena puede omitirse, si así lo decide el director.

FELIX.–*(Cantando.)* Cumpleaños feliz, cumpleaños feliz, te deseamos querido ICSI, cumpleaños feliz.

MELANIE.–*(Interrumpe riendo.)* ¡Espera, Felix! ¿Cumpleaños de quién?

FELIX.–Este pastel es por el artículo que se publicará sobre la ICSI. Acabo de leer tu borrador... y mis comentarios resultan muy triviales... así que muy bien podríamos considerar que hoy ha nacido.

MELANIE.–Bueno... ¿por qué no? Pero primero déjame ver *(con cierto recelo)* tus comentarios "triviales". *(Intenta tomar el manuscrito, pero él no lo suelta.)*

FELIX.–Sin embargo, hay algo que no es trivial y que tendríamos que resolver. Especialmente en el día de su nacimiento.

MELANIE.–¿A saber?

FELIX.–La autoría.

MELANIE.–¿Qué es lo que hay que resolver? Nada más tú y yo. No hay más autores.

FELIX.–Pero ¿qué nombre irá primero? Nunca discutimos ese tema tan delicado.

MELANIE.–¿Piensas que fue por delicadeza que me abstuve de hablar del tema?

FELIX.–Entonces, ¿por qué fue?

MELANIE.–Para mí, era tan obvio que no pensé que tuviéramos que hablar de ello.

FELIX.–¿Por qué no los ponemos en orden alfabético?

MELANIE.–¡Eso está fuera de toda discusión!

FELIX.–Podríamos dejarlo a la suerte.

MELANIE.–Sí, podríamos… ¡pero no lo haremos! El mío aparecerá primero porque la idea fue mía. Y luego la llevé a la práctica. Por añadidura, es *mi* óvulo.

FELIX.–No irás a decir que tu nombre aparecerá primero porque tú eres la donadora del óvulo. En ese caso, ¿qué hay del donador del espermatozoide?

MELANIE.–*(Ríe.)* ¿Lo que quieres decir es que agreguemos el nombre de Menachem entre el mío y el tuyo?

FELIX.–Por supuesto que no.

MELANIE.–Felix, mi nombre irá primero. Yo escribí el manuscrito, no tú. ¿Entendido?

FELIX.–*(De mala gana.)* Está bien…. está bien… Sólo bromeaba.

MELANIE.–No estoy tan segura de que estés bromeando, pero al menos me alegra que lo digas.

FELIX.–En ese caso, encendamos la velita y celebremos.

MELANIE.–Hagámoslo. *(Felix saca una caja de fósforos de su bolsillo y enciende uno. En ese momento, Melanie continúa.)* Por cierto, nunca te conté, pero Menachem ya sabe que él es el padre.

FELIX.–*(La mira enmudecido hasta que el fósforo quema su dedo. Lo suelta inmediatamente.)* ¿Qué?

MELANIE.–Pareces sorprendido. Se lo dije el día que lo conociste.

FELIX.–Y... ¿cómo reaccionó?

MELANIE.–Tan pronto como el impacto inicial se desvaneció... se puso muy contento.... Pero hizo una pregunta.... que el mismo admitió que era una tontería... cuando le hablé del procedimiento de la ICSI.

FELIX.–Creo que puedo adivinarla.

MELANIE.–*(Sorprendida.)* ¿Puedes?

FELIX.–Quería saber qué sentiste... cuando inyectaste el espermatozoide.

MELANIE.–*(Asombrada.)* ¿Cómo adivinaste?

FELIX.–*(Con cierto desdén.)* La mayoría de los hombres lo habría pensado.

MELANIE.–¿Tú lo pensaste?

FELIX.–Fugazmente... pero más bien estaba pensando en otra cosa.

MELANIE.–¿Recuerdas qué era?

FELIX.–Sí.

MELANIE.–¿Me lo dirías?

FELIX.–*(Se encoge de hombros.)* Claro, ¿por qué no?

MELANIE.–Entonces, ¿qué fue?

FELIX.–Todavía estaba pensando en ese miserable espermatozoide cuando de repente apareció en el monitor. Me preguntaba qué tenía de especial ese hombre misterioso… Supongo que tuve celos de que hubieras buscado esa posibilidad.

MELANIE.–¿Y bien?

FELIX.–Y nada… eso fue todo.

MELANIE.–Yo también tengo una pregunta. ¿También puedes adivinarla?

FELIX.–Ya no puedo seguir adivinando.

MELANIE.–¿No puedes o no quieres adivinar?

FELIX.–Ambas cosas.

MELANIE.–Cuando Menachem planteó la pregunta, me pareció tan ridículo… una especie de complejo machista. *(Pausa.)* Pero ahora, casi me asusta preguntar.

FELIX.–Entonces no preguntes. Hay algunas preguntas que es mejor dejarlas enterradas.

MELANIE.–Pero prometí a Menachem que lo haría. *(Camina hacia él.)* ¿Por qué no quisiste que viera la captura del espermatozoide en el video? ¿De quién es el que utilizaste?

FELIX.–*(Se levanta y se encamina hacia la puerta.)* Melanie… si tienes que hacer esa pregunta, entonces con seguridad sabes la respuesta. *(Sale.)*

MELANIE.–*(Larga pausa hasta que comprende de golpe el comentario.)* ¡Hijo de puta!

FIN DE LA ESCENA 9

INTERLUDIO DE E-MAIL

Después de la escena 9

De: \<f.frank@compuserve.att.com>
Para: \<mlaid@worldnet.att.com>
Asunto: Última petición
Fecha: Jueves 6 de diciembre de 2001 17:02:09

Melanie, entiendo que puedas estar furiosa, pero ¡*debo* verte una vez más *en persona*!

Lo que pasó, pasó. Pero ya que no podemos cambiar la historia, podemos tomar alguna providencia para el futuro. No deseo discutir esto por e-mail, pues se trata de algo que debemos resolver frente a frente. Los dos nos debemos una explicación, pero aunque tú no desees dármela, me debes la cortesía profesional de permitir que *yo* lo haga.

Felix

De: mlaid@worldnet.att.com
Para: f.frank@compuserve.com
Asunto: Ningún asunto
Date: Sábado 8 de diciembre de 2001 21:34:19

¿Cómo te atreves a hablar de cortesía profesional?
La respuesta a tu petición es ¡no!

M.L.

ESCENA 10

Principios de diciembre de 2001. Laboratorio de la doctora Melanie Laidlaw.

Melanie (ahora esbelta) y Felix se encuentran frente a frente.

FELIX.–No entiendo. Tu bebé ya tiene un mes y tú todavía no…

MELANIE.–¿Tengo que decírtelo claramente? ¡No… quiero… verte… nunca más! *(Pausa.) ¡Nunca!* No tengo nada que decirte. Y ahora… ¡sal de aquí!

FELIX.–¡Por el amor de Dios! ¡Piénsalo! ¡No tenía otra opoción!

MELANIE.–¿Qué te hizo pensar que tenías derecho a una? Se trataba de *mis* óvulos, de *mi* cuerpo, de *mi* futuro hijo…

FELIX.–Pero también es *nuestra* ICSI. *(Pausa.)* Un minuto antes de realizar la primera inyección… en la historia… tú me confrontaste en el monitor con una muestra de esperma que solamente un cándido optimista o una chica enamorada habrían considerado apto. Mi inyección fue tanto para tu propio beneficio como para nuestro éxito. ¿Por qué no puedes verlo como una póliza de seguro?

MELANIE.–*(Sarcástica.)* ¿Y a ti como el agente de seguros que ni siquiera me informó que yo pagaría la prima? ¿Después de decidir que lo que yo justamente necesitaba era tu omnipotente espermatozoide? ¡Qué suposición tan monumental! ¡Y ni siquiera la más vaga insinuación… hasta que llegué a las treinta semanas de embarazo! Y sólo en ese momento, cuando te lo pregunté a bocajarro.

FELIX.–¿Le confiaste al donador de espermatozoides lo que planeabas hacer con sus miserables espermatozoides?

MELANIE.–¡Basta! Ya sabes por qué no pude.

FELIX.–Pero podías haberle hablado de la ICSI.

MELANIE.–¿Para qué?

FELIX.–Para averiguar si aun después de un accidente radiactivo, dados todos los riesgos, él habría considerado ese método para ser padre.

MELANIE.–No quise correr el riesgo.

FELIX.–Bueno, yo lo hice... apenas nos dejaste solos en el laboratorio.

MELANIE.–*(Sarcástica.)* Deduzco que te decepcionó. *(Pausa.)* Y ahora, ¡lárgate!

FELIX.–No hasta que me hayas escuchado. Fue una locura elegir el espermatozoide de una víctima de un accidente de radiaciones. No sólo lidiabas con problemas de fertilidad... también corrías riesgos genéticos.

MELANIE.–Por eso mismo insistí en seleccionar los embriones antes de transferirlos... y por eso realicé un conjunto insólito de pruebas genéticas al final de los primeros tres meses.

FELIX.–Bueno... conmigo no las necesitabas. ¿Cómo puede alguien saber si esos exámenes fueron suficientes?

MELANIE.–En genética, suficiente nunca es suficiente... ni siquiera ahora... que se ha descifrado el genoma humano completo. Pero el accidente con radiación fue hace más de veinte años... mucho tiempo para una recuperación sustancial...

FELIX.–Dependiendo de la dosis de radiación.

MELANIE.–¡Exacto! Y eso ya lo verifiqué. *(Pausa.)* Pero, ¡espera un momento! ¿Estás derramando toda esta seborrea genética para decirme que debería agradecerte que mi Adam, el primer bebé ICSI de la historia, sea hijo tuyo?

110

CARL DJERASSI

FELIX.–Yo no lo plantearía de esa manera.

MELANIE.–Entonces, ¿cómo lo harías?

FELIX.–Muy sencillo. *(Pausa.)* No vine a hablar sobre derechos de paternidad... ese niño es tu hijo.

MELANIE.–*(Sarcástica.)* Qué bondadoso eres. Entonces, ¿de qué *estás* hablando?

FELIX.–Quiero saber quién pertenece a quién...

MELANIE.–Acabas de admitir que Adam me pertenece a mí... y a Menachem.

FELIX.–¡Con un demonio! ¡Sólo... déjame... terminar! Hablo de la paternidad, de la información genética. ¿De quién es la composición genética de Adam? Sólo entonces sabrás cuál fue el papel de Menachem... si es que tuvo alguno. *(Pausa.)* Cualquier científico razonable adoptaría esa posición.

MELANIE.–Nunca habría realizado ese experimento ICSI en mis propios óvulos si no hubiera sido por Menachem.

FELIX.–Melanie, esto es más importante que un romance. Veo esto como el coautor del manuscrito sobre la ICSI.

MELANIE.–¡Mientras yo lo veo como la madre de un niño vivo! Si yo estuviera segura de que mi hijo provino de tu inyección ICSI...

FELIX.–¿Sí?

MELANIE.–No podría hacer frente a esa posibilidad... no mientras Adam es todavía un bebé.

FELIX.–Ése es tu problema... y no tiene nada que ver con la ciencia. Vine a pedir un simple análisis de ADN del niño y de los dos padres putativos.

MELANIE.–¿Putativos? *(Disgustada.)*... ¿Putativos? Oír esa sola palabra me da ganas de vomitar.

FELIX.–Puedes olvidar la palabra en el momento en que se complete la comparación de ADN. *(Menachem entra, llevando un osito de peluche, u otro juguete, en la mano. Se detiene en la puerta, sin que inicialmente lo noten ni Melanie ni Felix, quienes continúan discutiendo.)*

MELANIE.–¿Y debo acercarme a Menachem con esa petición? ¿Qué te hace pensar que tienes siquiera el derecho de hacer esa pregunta?

FELIX.–¿Acaso no debe saber que hubo espermatozoides de dos hombres? ¿No crees que a él le gustaría saber si Adam es realmente su hijo?

MELANIE.–Menachem sabe lo que hiciste. Pero pedirle que se preste a un análisis de ADN es algo muy distinto. *(Pausa.)* ¡Esto está fuera de toda discusión! *(Menachem cierra la puerta, y Melanie y Felix se sorprenden.)*

MENACHEM.–*(Sarcástico.)* ¿Qué hace aquí el comadrón despedido? *(Señala hacia el microscopio.)* En la escena del delito. *(Se dirige a Melanie.)* Pero, ¿qué están discutiendo?

MELANIE.–¡Espera! Felix estaba por irse. Hablemos de esto tú y yo solos.

FELIX.–No estoy por irme. No hasta que él escuche mi parte de la historia.

MENACHEM.–*(A Melanie)* ¿De qué habla?

FELIX.–De la paternidad de Adam.
MELANIE.–¡Felix! ¡Fuera de aquí!

MENACHEM.–*(Hace a un lado a Melanie.)* Está bien... dejémoslo terminar. ¿A qué clase de paternidad te refieres?

FELIX.– A la única que cuenta.

MENACHEM.–Adam tiene un padre…

MELANIE.–Y la ley reconoce a Menachem como tal.

FELIX.–¿Quién te dio ese consejo legal?

MELANIE.–No necesitamos consejo legal. Nos casamos antes del nacimiento de Adam.

FELIX.–*(Desconcertado.)* No sabía que se hubieran casado. *(Con sarcasmo.)* Es el primer error registrado de un chisme de laboratorio.

MELANIE.–El nombre en su certificado de nacimiento es Adam Dvir.

FELIX.–Tú te refieres al nombre que aparece en el certificado de nacimiento. Yo hablo acerca del patrón de un gel de ADN.

MENACHEM.–¿Eso es todo lo que marca la paternidad? ¿Patrones de ADN?

FELIX.–Por lo que se refiere a la concepción mediante la ICSI, sí. *(Se vuelve hacia Melanie.)* Ese primer bebé ICSI de la historia… tu hijo…

MENACHEM.–Dirás *nuestro* hijo…

FELIX.–Permíteme discrepar… Eso está todavía por definirse. Quienesquiera que sean los padres, a Adam se le hará un seguimiento… durante toda su vida. Melanie sabe que eso es un hecho… En cuanto se publique el artículo sobre la ICSI, el genio habrá salido de la botella. *(Pausa.)* ¿Qué sucederá si algo sale mal con Adam? ¿Supongamos que resulte infértil? ¿Se deberá a un problema genético o al procedimiento ICSI? ¿Cómo podremos saberlo sin una prueba de paternidad de ADN? Parece que olvidas que antes de la ICSI, los varones no podían heredar la infertilidad… ¡era algo no hereditario!

MELANIE.–*Ahora* se ha vuelto hereditaria... ¡debido a la ICSI!

FELIX.–*(Enfurecido.)* ¿No escuchaste lo que te pregunté? Si Adam resulta ser infértil...

MELANIE.–Puede hacer uso de la ICSI. De tal palo, tal astilla.

FELIX.–¡Pero ésa es la receta para un tratamiento, no la explicación de la causa!

MELANIE.–Como sabes mejor que nadie... *(sarcástica)...* el momento en que nuestro artículo se publique, habrá una fila de hombres infértiles alrededor de las manzanas de cada clínica de infertilidad clamando por convertirse en padres ICSI. Confío en que ninguno de ellos tenga la desgracia de que tú seas quien realice la inyección ICSI... para que no quepa ninguna duda sobre la paternidad genética. Para cuando surja la pregunta de la posible infertilidad en la descendencia... en unas dos décadas más... habrá miles de casos. Los expertos en estadística tendrán mucho trabajo aun sin tener que preocuparse por Adam, a menos *(pausa)* que la nuestra haya sido la primera y *última* fertilización mediante la ICSI. ¿Estás seguro de no pensar lo mismo?

MENACHEM.–*(Con tono de ofendido, se dirige a Felix.)* ¡Tú y tu ICSI! *(Pausa.)* Permíteme hacerte una pregunta muy sencilla: supongamos que realizamos los análisis de ADN y tú resultas ser el proveedor de ese famoso único espermatozoide ICSI.

FELIX.–¿Sí?

MENACHEM.–¿Reconocerías a Adam abiertamente como tu hijo? ¿Lo mantendrías? *(Levanta su mano rápidamente.)* ¡No! Retiro esa pregunta. Lo que quiero saber es... si te llevarías a Adam a *vivir* contigo. *(Le lanza el osito de peluche, o el otro juguete.)*
MELANIE.–*(Furiosa.)* ¡Menachem! ¿Qué estás diciendo?

MENACHEM.–*(La hace a un lado, y se dirige a Felix.)* ¿Y bien?

FELIX.–No... No me atrevería a tanto. *(Se agacha para levantar el*

*osito de peluche, o el otro juguete, del suelo y lo coloca cuidado-
samente sobre la mesa del laboratorio al lado del microscopio.)*

MENACHEM.–*(Dirigiéndose a Melanie.)* ¿Lo ves? ¿Para qué discutir? La paternidad no es sólo la provisión de un espermatozoide. También es una relación humana… entre padre e hijo. Todo
lo que este hombre quiere es un gel de ADN. Dáselo. El bebé no
le interesa.

MELANIE.–¡Menachem! No discuto sobre un gel… hablo de adquirir conocimientos que no necesito en este momento como
científica o como madre.

FELIX.–Entonces ¿estás dispuesta a ignorar las circunstancias de
su concepción?

MELANIE.–¡Sí… sí! Eso es algo que sólo deberá preocupar a
Adam… cuando crezca. Tomaremos las muestras de tejido…

FELIX.–¿Cuándo?

MELANIE.–Muy pronto. Pero sólo de Adam y de Menachem… y
haremos que un laboratorio independiente realice los análisis
de ADN. Nadie verá los resultados… nadie sino Adam.

FELIX.–¿Y si no coinciden?

MENACHEM.–¿Cuál es la diferencia? Yo soy el padre de Adam. El
que su padre sea también el donador del espermatozoide y qué
tan importante sea eso para él son temas que sólo él se planteará
cuando se entere de todo.

FELIX.–¿Y cuándo se supone que eso sucederá?

MELANIE.–Ésa es una decisión de sus padres.

FIN DE LA ESCENA 10

EPÍLOGO
(Año 2014)

ADAM

(En una mano sostiene un sobre blanco; en la otra tiene uno más grande, de papel manila.)

En realidad no profesamos ninguna religión. Mi padre todavía llama a mamá "nuestra Puritana" y él casi nunca va al templo. Así que me imaginaba más mi *bar mitzvah* como una especie de fiesta de presentación en sociedad... que como alguna iniciación religiosa seria.

Sin embargo, mis padres se veían nerviosos, cosa que me sorprendió. No suelen ser así... y la mayoría de la gente que estuvo en el servicio estaba contenta, no seria. Aunque la situación se puso tensa cuando volvimos a casa. Fue cuando mi madre me dio esta carta. *(Levanta el sobre blanco, que se ve abierto.)*

"Escribí esto hace casi trece años", me dijo. "Debí haberlo guardado por otros cinco o seis años más antes de mostrártelo. Creo que todavía eres demasiado joven." *(De nuevo levanta el sobre.)*

Aparentemente, fue mi padre quien la convenció de lo contrario. "Hoy es el día de tu *bar mitzvah*", dijo, "cuando un judío se hace hombre. Creo que ya eres demasiado hombre para leer el contenido de la carta." Y luego me dio esto. *(Levanta el sobre de papel manila con la otra mano.)*

Dijo que contiene dos muestras.... muestras de ADN... y el resultado de su comparación. Resultados que todavía nadie ha visto hasta ahora... a pesar de que los exámenes se realizaron por la insistencia de mamá cuando yo todavía era un bebé.

Nunca vi llorar a mi padre, pero esta vez las lágrimas se asomaron a sus ojos cuando me dijo: "Leelos con calma, te esperaremos arriba." Entonces me dejaron con esto... mi regalo de *bar mitzvah. (Señala ambos sobres.)*

Apuesto que están preocupados. He estado aquí al menos durante media hora... pero todavía no puedo subir a verlos. Mamá estaba equivocada: tener trece años no es ser demasiado joven para leer esta carta. *(Pausa.)* Durante años he sabido que la gente la llama "la Madre de la ICSI". Debe de haber decenas de miles de bebés ICSI en todo el mundo, chicos que podrían no haber nacido nunca de no ser por su trabajo. Supongo que nadie sabrá nunca que yo soy el *number one,* ya que aquí dice... *(levanta el sobre blanco)* ...que nunca se revelará que fui concebido por el procedimiento ICSI, a menos que yo lo anuncie públicamente. Pero ¿qué hay de ese otro hombre? ¿Por qué mis padres piensan que debo saber acerca de él?

Mamá dice: "Algunos chicos, en tu situación —por ejemplo, si sus madres hubieran acudido a un banco de esperma—, desearían saber quién fue su padre biológico". *(Levanta el sobre blanco.)* Yo no. *(Pausa.)* Mamá no acudió a ningún banco de esperma, y mi situación no puede ser similar a la de nadie. Es más, ella está convencida... de que papá es mi padre. Así que si abro el segundo sobre y las dos muestras no coinciden, ¿significará que mi padre deja de ser mi padre? No quiero cambiar de padre y, de todas formas, no hay nada que yo pueda hacer para cambiar mis genes...

"Leelos con calma", dijo papá. *(Larga pausa.)* Pero no puedo esperar más. *(Pausa, mientras hace a un lado el sobre blanco y empieza —tal vez con precipitada torpeza a causa de la cinta adhesiva— a abrir el sobre de papel manila.)*

No, si quiero ser un hombre. *(Saca del sobre dos tiras alargadas de radiografías, que contienen patrones de ADN. Primero mira una, luego la otra, después trata de alinearlas una junto a la otra; finalmente pone una sobre la otra —tal vez de espaldas a la audiencia—. Mientras tanto, la luz va bajando. ADAM se vuelve hacia el público para que su cara pueda verse a través de las radiografías, las cuales va bajando lentamente, mostrando una mezcla de expresiones: de alivio, de estremecimiento, de confusión... y de pronto oscuridad.)*

FIN DE LA OBRA

BIOGRAFÍA DEL AUTOR

Carl Djerassi, novelista, dramaturgo y profesor emérito de Química en la Universidad de Stanford, es uno de los pocos científicos estadounidenses que han sido distinguidos con la Medalla Nacional de Ciencias (por la primera síntesis de un anticonceptivo oral) y con la Medalla Nacional de Tecnología (por promover nuevos métodos para el control de insectos). Ha publicado novelas cortas (*The Futurist and Other Stories*), poesía (*The Clock runs backward*) y cinco novelas (*El dilema de Cantor; El gambito de Bourbaki; Marx, el difunto; La semilla de Menachem; NO*), en donde ilustra como "ciencia-en-ficción" el lado humano de la ciencia y los conflictos personales que enfrentan los científicos, así como una autobiografía (*La píldora, los chimpancés pigmeos y el caballo de Degas*), y un relato autobiográfico (*La Píldora de este hombre: reflexiones en torno al 50 aniversario de la Píldora*).

Durante los últimos cinco años se ha dedicado a escribir obras de teatro en el género "ciencia-en-teatro". La primera, *An Immaculate Misconception [Inmaculada concepción furtiva]*, que trata de los avances más recientes en la reproducción asistida, se estrenó en el Festival Fringe de Edimburgo de 1998 y posteriormente se ha puesto en escena en Londres, San Francisco, Vermont, Nueva York, Viena, Colonia, Munich, Sundsvall, Estocolmo, Sofía y Ginebra. Con esta edición, la obra ha sido traducida a siete idiomas y publicada, también en forma de libro, en inglés, alemán y sueco, y ahora español. La BBC transmitió la obra en el año 2000 en el programa la "Obra de la Semana", en su servicio internacional, y la radio Rundfunk de Alemania Occidental (WDR, por sus siglas en alemán) y la Radio Sueca lo hicieron también en 2001. Su segunda obra, *Oxygen* (escrita en coautoría con el Nobel Roald Hoffmann), se estrenó en abril de 2001 en el Repertory Theatre de San Diego, en el Mainfranken Theater de Würzburg de septiembre de 2001 a abril de 2002 (como representaciones invitadas en 2001-2002 en Munich y Leverkusen), en los estudios Riverside de Londres en noviembre de 2001 y en Corea en agosto de 2002.

Tanto la BBC como la WDR transmitieron la obra en diciembre de 2001 en el marco del centenario del Premio Nobel, uno de los temas principales de esa obra. Hasta hoy se ha traducido a cuatro idiomas y en otros tres más está en proceso; ya apareció publicada en inglés y alemán. Su tercera obra, *Calculus*, describe la famosa pugna por la prioridad entre Newton y Leibniz.

Djerassi es fundador del Programa Djerassi para Artistas Residentes, cerca de Woodside, California, que proporciona alojamiento y espacio en talleres para artistas en los campos de las artes visuales, literatura, coreografía y artes escénicas, y música. Más de 1 200 artistas se han beneficiado de ese programa desde que empezó, en 1982. Djerassi y su esposa, la biógrafa (y profesora emérita de Literatura Inglesa en la Universidad de Stanford) Diane Middlebrook, viven en San Francisco y en Londres.

(La página web *sobre la obra de Carl Djerassi es http://www. djerassi.com)*

Índice

Primer Acto

Segundo Acto

Este libro se terminó de imprimir y encuadernar en
los talleres de Impresora y Encuadernadora Progreso,
S. A. de C. V. (IEPSA), calzada de San Lorenzo 244,
09830 México, D. F., en el mes de diciembre de 2002.

Se tiraron 3 000 ejemplares

Tipografía y formación:
Lorenzo Javier Ávila y *Guillermo Carmona*
del Taller de Composición
del Fondo de Cultura Económica,
con tipos Garamond 3 de 12:14 y 9:10.5 pts. de pica

Corrección de *Guillermo Hagg, quien tuvo a su cuidado la edición,* y de *Marco Antonio Pulido*

Preprensa:
Alta Resolución

Asesoría editorial:
Axel Retif

Coordinación editorial:
María del Carmen Farías

Marx, el difunto
Carl Djerassi

De este mecenas del arte y de la creación, el Fondo de Cultura Económica ha publicado también esta obra, en la que el autor hace un breve paréntesis en su tetralogía de novelas científicas —ciencia en ficción, como llama a este género de su cuño—, para entregarnos la narración de una actividad que él conoce sobradamente bien: la del novelista; y de paso nos muestra una diferencia importante entre los novelistas y los científicos, y que se hace patente si comparamos esta novela con *El gambito de Bourbaki*, segunda entrega de su mencionada tetralogía.

Tema recurrente en sus novelas —verdadero *leit motiv*— son los encuentros y desencuentros entre los sexos. Los personajes femeninos de Djerassi suelen tener una fuerza extraordinaria, y los de *Marx, el difunto* no son una excepción.

Stephen Marx, un escritor célebre, al que muchos calificarían de egocéntrico, acostumbrado a manipular a sus semejantes para conseguir sus muy personales propósitos; afecto casi morboso a sus encuentros —cuanto más fugaces mejor— con el sexo opuesto, tiene una obsesión: saber lo que los lectores —y la crítica, aunque no le guste admitirlo— realmente piensan de él… No, no de él, sino del novelista. Entonces, el hombre planea su propia muerte, pues, aduce, la verdadera opinión sobre un escritor surge cuando éste ya ha fallecido.

Pero Stephen Marx está a punto de encontrarse con la horma de su zapato. A pesar de haber ideado con gran esmero esa supuesta muerte, no cuenta con un elemento que de la manera más fortuita se inmiscuye en sus planes: él, que siempre ha considerado al género femenino como una delicia pero no como rival intelectual, tendrá que conocer a una mujer —joven y atractiva: su gran debilidad— que no está dispuesta a ceder a sus encantadoras manipulaciones.